人工智能入门与实践

青少年版

主　编　丁　艳

副主编　高思凯　杨云勇　黄

参　编　王洪国　彭荣荣　周　攀

梁思妍　刘立宇　刘　勇

周小军　曾　珍　张超然

机械工业出版社

CHINA MACHINE PRESS

本书以素质教育提升为主要目标，力求打造一本面向青少年的人工智能知识普及实践应用一体化教材。本书主要内容包括：入门篇（你好，人工智能）、体验篇（感受人工智能的神奇魅力）、实践篇（探索人工智能的实际应用）、拓展篇（理解人工智能的重要概念）。本书将人工智能相关理论知识与具体实践应用相结合，通过设置与知识点对应的实践项目，极大地增强了本书的应用性、丰富性及实践性，可大幅提升学生的学习兴趣、理解能力和实践能力。

本书可作为青少年人工智能领域科学知识普及读物，还可作为中小学课外兴趣班人工智能学科的培训教材。

图书在版编目（CIP）数据

人工智能入门与实践：青少年版 / 丁艳主编. — 北京：机械工业出版社，2022.2
ISBN 978-7-111-70328-0

Ⅰ.①人… Ⅱ.①丁… Ⅲ.①人工智能 – 青少年读物 Ⅳ.①TP18-49

中国版本图书馆CIP数据核字（2022）第042782号

机械工业出版社（北京市百万庄大街22号 邮政编码100037）
策划编辑：陈玉芝 郎 峰 王振国 责任编辑：陈玉芝 郎 峰 王振国 关晓飞
责任校对：张亚楠 王 延 封面设计：马若濛
责任印制：任维东
北京市雅迪彩色印刷有限公司印刷

2022年7月第1版第1次印刷
190mm × 210mm · 8.666印张 · 137千字
标准书号：ISBN 978-7-111-70328-0
定价：49.80元

电话服务 网络服务
客服电话：010-88361066 机 工 官 网：www. cmpbook. com
010-88379833 机 工 官 博：weibo. com/cmp1952
010-68326294 金 书 网：www. golden-book. com
封底无防伪标均为盗版 机工教育服务网：www. cmpedu. com

前言

为什么写这本书？

我们一直在思考和探索一个问题：在科技快速发展、新事物层出不穷的今天，教育信息化 2.0 时代的素质教育应该是什么样的？我们应该怎么做？教育的初衷是什么？

让更多的青少年看到广阔的森林，从小培养数字素养。

✓ 降低学习成本

✓ 激发学习兴趣

✓ 获取更多可能

——这正是我们这一群教育工作者最朴素的初衷。

人工智能（Artificial Intelligence, AI）是什么？人工智能会为我们的生活和未来带来什么样的改变？

本书从人工智能的基本知识点出发，用简明的文字、活泼的微视频、互动的实践体验，为广大青少年开启一扇走进人工智能的大门。

AI 遇见应用，兴趣引领未来。

这本书能为你带来什么？

● 人工智能和你的生活息息相关

人工智能离我们遥远吗？其实，我们生活中的 App、智能音箱、人脸识别、扫地机器人、无人超市、自动翻译、智能汽车、自动驾驶等，都是人工智能的具体应用。当然，它们之中很多还处于弱人工智能的阶段，距离强人工智能还有一段路要走。这就需要青少年们从小开始认识人工智能、了解人工智能，明天的你们是人工智能的使用者，也有可能是人工智能的训练师、人工智能的工程师。希望本书能伴随广大的青少年朋友一起成长，通过认知→理解→掌握→实践的学习过程，一起为明天拓展更多的可能。

◘ 人工智能和你的未来息息相关

机器能替代人吗？机器能思考吗？人工智能时代不再是电影中描绘的“遥远未来”，而AI机器人也已是能取代许多人类工作岗位的现实存在。我们希望广大的青少年朋友能够通过本书的学习，培养自己的创新思维与创新能力，养成注重实践、注重动手、注重过程的习惯；坚持以问题为导向，结合科学、创新的方法，更好地激发创造力和好奇心；通过基础知识的学习、编程能力的启迪，打开面向未来的一扇窗。

这本书讲了什么？

小孚，一个带着传授AI知识使命的小精灵，从2056年的AI世界来到了今天的现实世界，与人类好朋友小艾、小智共同展开了一段AI之旅。在这段旅程中，小孚带领小艾、小智一起体验了图像识别、语音识别、人体姿态识别、自然语言处理等 AI 应用技术，还开展了数据标注和图形化编程的一系列小实践。在探索 AI 世界的过程中，小艾、小智和小孚建立了深厚的友谊，更深深地明白了：未来的 AI 世界将会在人类的持续训练和不断创新学习中越来越好。

编　者

目录

入门篇　你好，人工智能

体验篇　感受人工智能的神奇魅力

实践篇　探索人工智能的实际应用

拓展篇　理解人工智能的重要概念

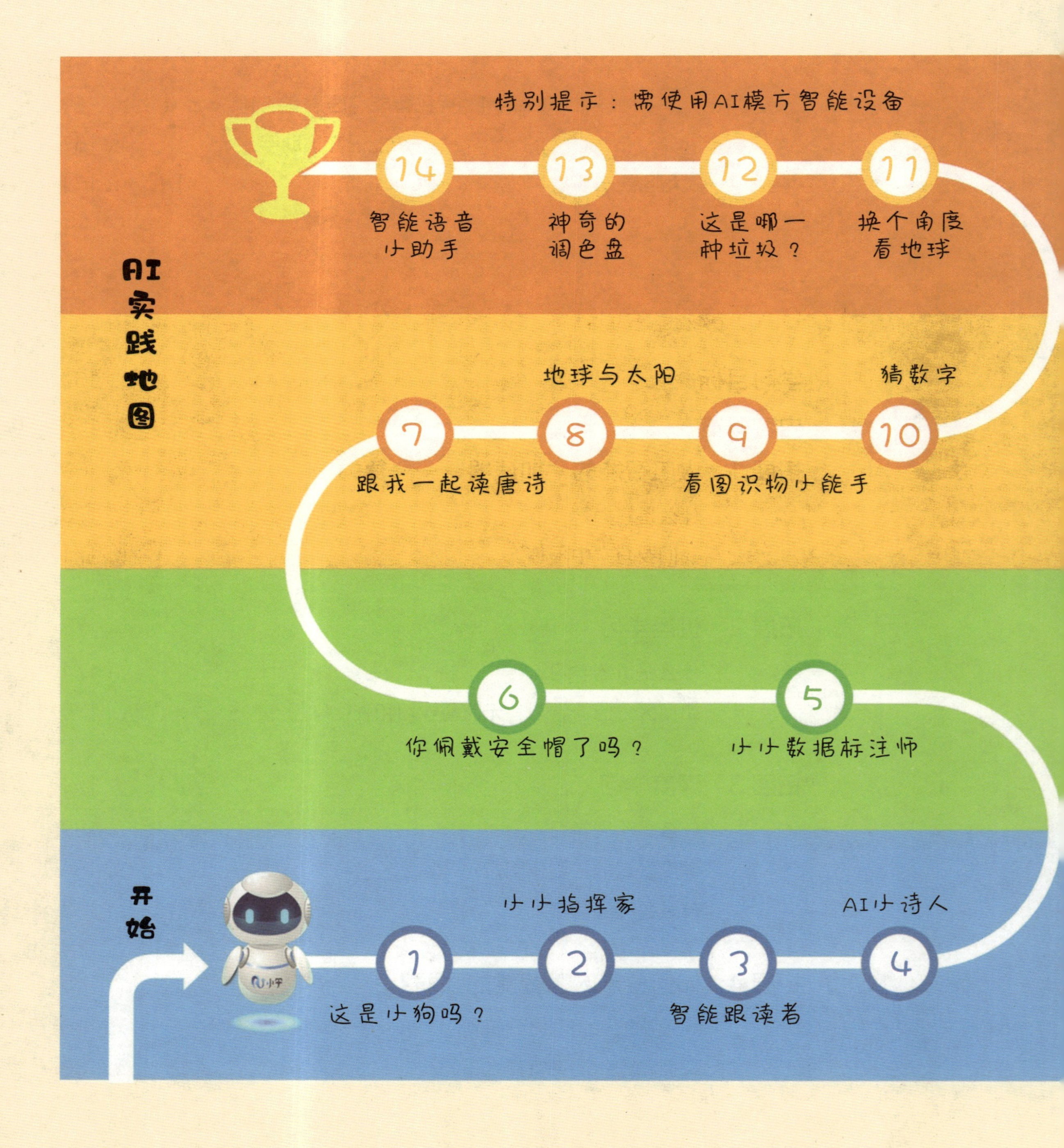
特别提示：需使用AI模方智能设备
AI实践地图
开始
1 这是小狗吗？
2 小小指挥家
3 智能跟读者
4 AI小诗人
5 小小数据标注师
6 你佩戴安全帽了吗？
7 跟我一起读唐诗
8 地球与太阳
9 看图识物小能手
10 猜数字
11 换个角度看地球
12 这是哪一种垃圾？
13 神奇的调色盘
14 智能语音小助手

AI（人工智能）实验项目——探索AI的乐趣

·生活中的AI应用：

√智能垃圾分类、智能家居语音控制的基本原理和实现方法

√图像分类识别、语音识别的数据采集、模型训练、验证与应用

·AI图形化编程：

√学习与机器交流的语言

√几种常用的句式和用法

·AI数据标注：

√看图识物背后的基本原理和实现方法

√人是如何教机器识别图像的？

AI体验项目——感受AI的魅力

·看图识物

·能听会说

·会思考能创作

缘起

2021 年，AI 已诞生 65 年，现实世界。

2056 年，AI 已诞生 100 年，AI 世界。

当两个世界时空交错……

小孚睁开眼睛，已从 35 年后的 AI 世界来到了现实世界，脑海里出现一条信息提示："找到人类小朋友，传授 AI 知识，探索 AI 世界，人机和谐共处。"

小孚环视四周，锁定了一处思想异常活跃、求知欲望浓厚之地——九州学校，在这里遇到了小艾和小智……

人物介绍

小孚——为 AI 而来

一个来自 2056 年 AI 世界的机器人小精灵，带着向人类小朋友普及 AI 知识的任务从未来而来，在带领小朋友探索 AI 世界的过程中，与小艾和小智建立了深厚的友谊。

小艾、小智——因 AI 而生

当下现实世界的小朋友，九州学校的学生，聪明好学、勤奋刻苦，在小孚的带领下学习 AI 知识，体验和实践人工智能项目，在探索 AI 世界的过程中与小孚建立了深厚的友谊。

入门篇

你好，人工智能

小孚小孚，35 年后的 AI 世界是什么样子的呀？

好的，别着急，接下来就让我们一起走进 AI 世界，探索它的奥秘吧！

是呀，快给我们讲讲吧！

核心知识

1. 了解什么是人工智能。
2. 知道人工智能与云计算、物联网、大数据的关系。
3. 了解人工智能经历了哪些发展阶段。
4. 了解人工智能由哪些核心组成，什么是人工智能的“发动机”。

能力要求

让同学们对人工智能及相关新信息技术有一个基本的了解。

内容概览

入门篇
你好，人工智能

任务1
什么是人工智能？

人工智能是什么？
使机器能听、会说、能看、能思考、会学习、会行动、能应变

人工智能的三个层次
- 第一个层次：计算智能
- 第二个层次：感知智能
- 第三个层次：认知智能

任务2
你知道云物大智吗？

如果用人体来比喻：
* 物联网是人体的神经网络
* 大数据是流动的血液
* 云计算是心脏
* 人工智能是大脑

任务3
人工智能经历了哪些发展阶段？

- 1956年至20世纪80年代：人工智能起步期
- 20世纪80—90年代：专家系统推广
- 20世纪90年代至今：人工智能爆发期

任务4
什么是人工智能的“发动机”？

人工智能的核心组成：大数据、算法、算力

* 大数据——人工智能的“燃料”
* 算法——人工智能的“发动机”
* 算力——人工智能的“加速器”

任务 1
什么是人工智能？

小乎小乎，
人工智能到底
是什么呀？

简单来说，人工智能就是让机器越来越像人，就像我一样，能看、能听、能说、能唱、能跑、能跳、能思考、会交流，还能与你们交朋友。当然，人工智能也很复杂，就让我们一步一步了解它吧！

仔细看一看

人类探索未来的脚步永远不会停止，而眼下，人工智能无疑是全球范围内最火热的“风口”。

人工智能有多强？它就像大家口中“别人家的小孩”一样：记忆比你强、速度比你快、体力比你强、懂得比你多……

人工智能有多火？人工智能的报道时常“霸占”新闻头条；人工智能的机器人随处可见……

人工智能是什么?

通俗来讲，人工智能就是研究如何使机器具备我们人类的能力，像人类一样能听会说、能看会动、会学习、能思考，还能聪明地应变。

总的来说，人工智能包括：

视觉智能： 就像我们人类的眼睛，它能实现人脸识别、行为识别、图像识别、文字识别和车辆识别等。

听觉智能、语义智能： 就像我们的耳朵和嘴巴，能实现语音和文字的相互转换。

运动智能： 使机器人可以完成搬运、输送、扫地、生产和服务等工作。同学们知道吗，现在有些工厂已经变成无人工厂，人类的好多工作都可以由机器替代完成了。

意识智能： 这可是人工智能最高级的智能。同学们，大家知道微软小冰吗？她可是一位高智商、高情商的人工智能对话机器人。小冰 2014 年出生，现在在全世界已经有好几亿的用户和粉丝了。小冰可是个全才啊，能唱歌跳舞，能作诗绘画，关键还玩得非常专业，开画展、出诗集、开全球演唱会，无所不能。

小乎小乎，既然AI像人类一样聪明，甚至超越我们，那你们还需要学习吗？

哇！问得很好，其实我们AI也不是生来就这么聪明的，我们也要像人类一样去一步一步学习。

其实，人工智能就是使机器具备更多人的能力，它是计算机科学的一个分支。至于先具备哪些能力、后具备哪些能力，其实人工智能也像“人类”一样，智能水平也在逐步提升。我们将人工智能从低到高分为计算智能、感知智能、认知智能三个层次。

第一个层次：计算智能。这个层次下，机器像人类一样会计算、能传递信息，例如各种人机大战的棋类游戏、专家系统等。

第二个层次：感知智能。这个层次下，机器能听会说、能看会认，例如语音助手、人脸识别、无人驾驶、自动搬运等。

第三个层次：认知智能。这个层次下，机器能理解会思考，能够主动采取行动，这是人工智能专家们正在努力的方向，例如你们的微软小冰就具有非常初级的理解语义的能力。

动手做一做

看看身边有哪些应用人工智能技术的实例，可以列举出来，与同学、老师、家长交流分享。

大胆想一想

如果未来的你成为一名人工智能科学家，由你设计一个人工智能机器人，你会希望它具备什么功能、拥有哪些特别的本领呢？

我学到了什么？

任务 2
你知道云物大智吗？

小孚小孚，你知道吗？现在我们人类在发展信息技术，比如物联网、云计算、大数据等，要求我们都要学习了解呢。它们和你们AI家族有关系吗？

那可是我们最亲密的伙伴啊！没有它们，我们AI家族不会发展这么快！我来给大家介绍一下这几位好朋友吧。

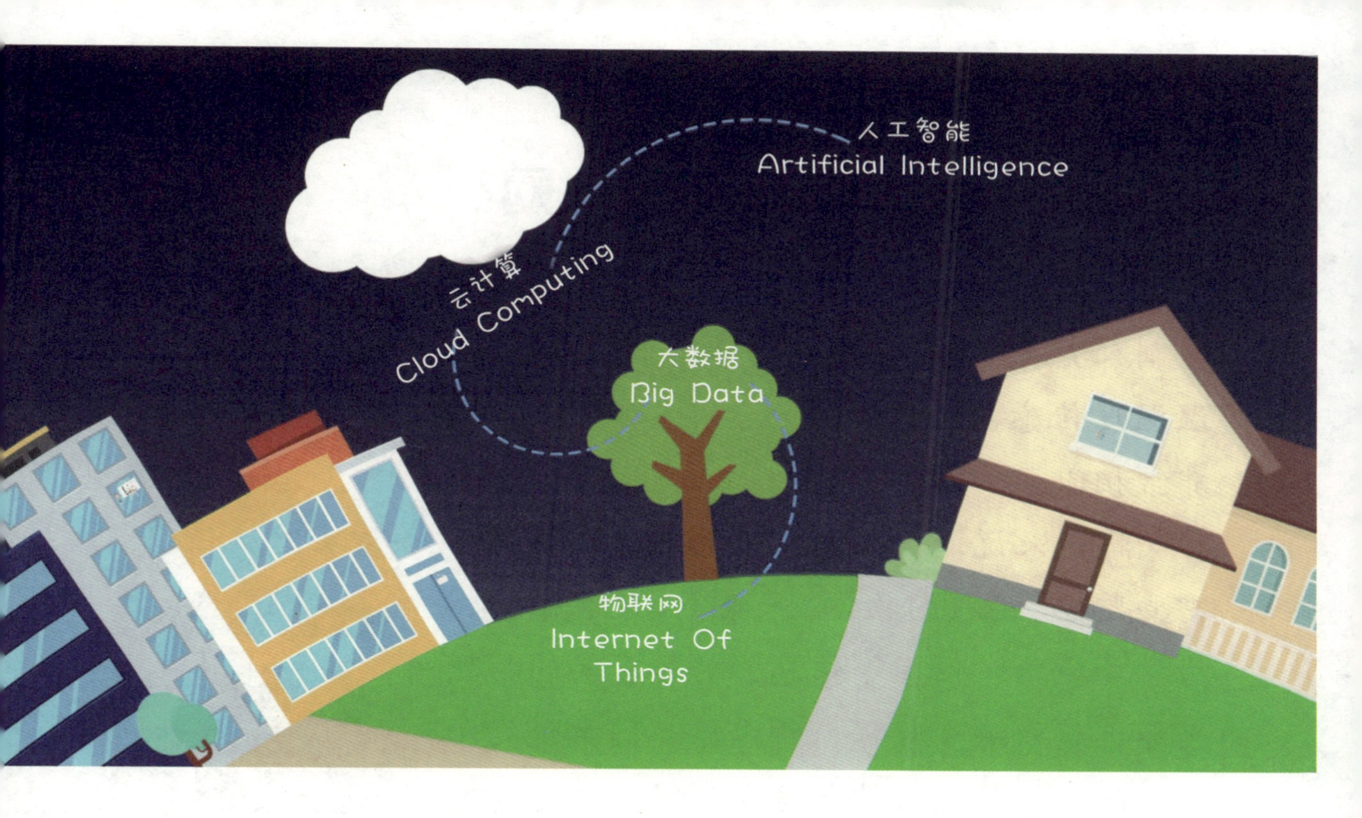

仔细看一看

人工智能与它的朋友们

我们AI家族的快速发展，离不开其他新技术（物联网、云计算、大数据、5G）的不断发展，未来我们将生活在一个万物智联、相互感知的智能世界。

那么AI和物联网、云计算、大数据究竟是什么关系呢？

什么是物联网?

如果说人类用五官来感知世界，那我们机器则是模仿或复制人类的智慧，用不同的传感器(例如摄像头、声音探测器、温湿度传感器、振动传感器等)来感知世界，与人类的感官非常相似。

简单来说，物联网就是通过传感器等设备，实时从任何需要监控、连接的物体，采集声、光、热、电、力学、生物、位置等信息，对接真实的物理世界，获取海量数据。所以，我们常说的物物相连、万物互联就是这个意思。这可是实现我们 AI 与真实世界相连的好朋友啊!

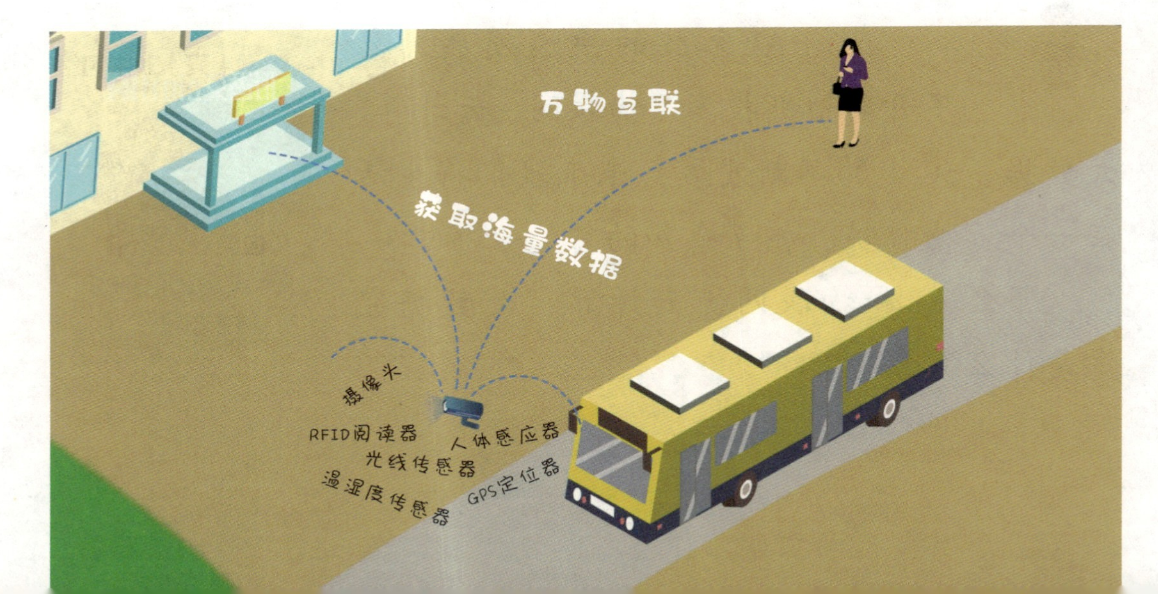

什么是云计算?

云计算在人类的生活中无处不在，例如我们熟知的腾讯云、华为云、阿里云、亚马逊云等。其实云计算不是一种全新的网络技术，而是一种全新的网络应用。它通过网络"云"将巨大的数据计算分解成无数个小的计算程序，极大地提高了计算能力。例如大家常用的网络搜索、网络邮箱，在线课堂等，不就帮助同学们在疫情期间还能云上学习吗？云计算作为我们 AI 家族的好朋友之一，它为海量的数据提供强大的承载能力，计算能力远远超过我们的想象。

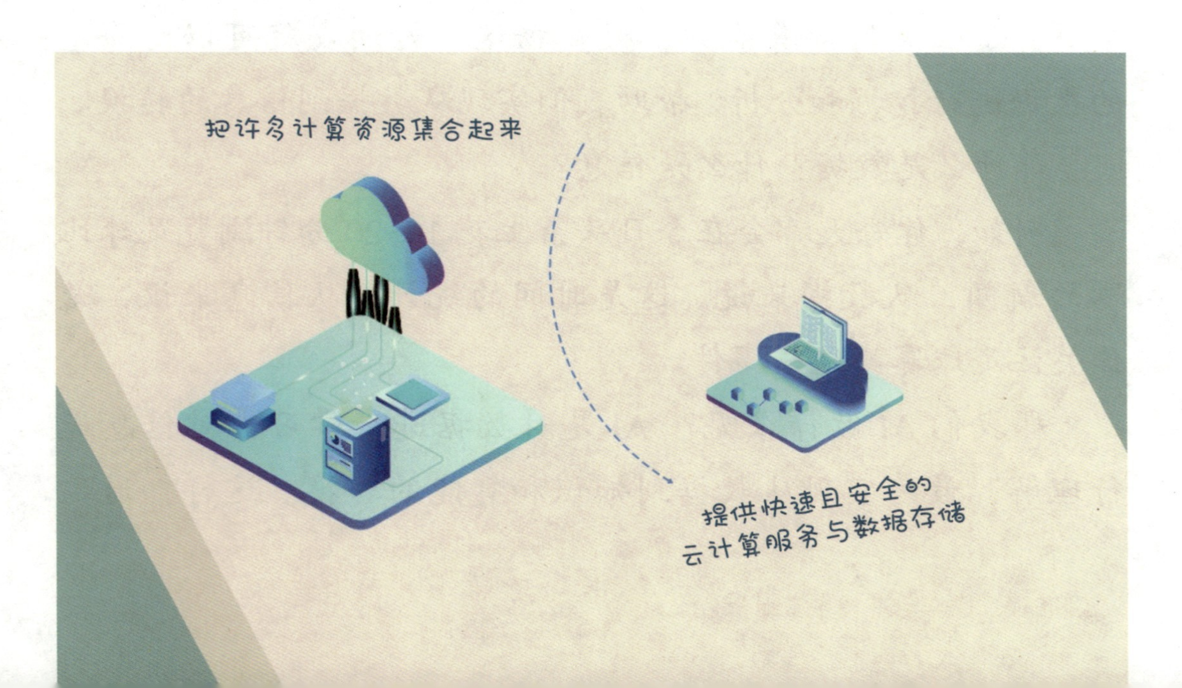

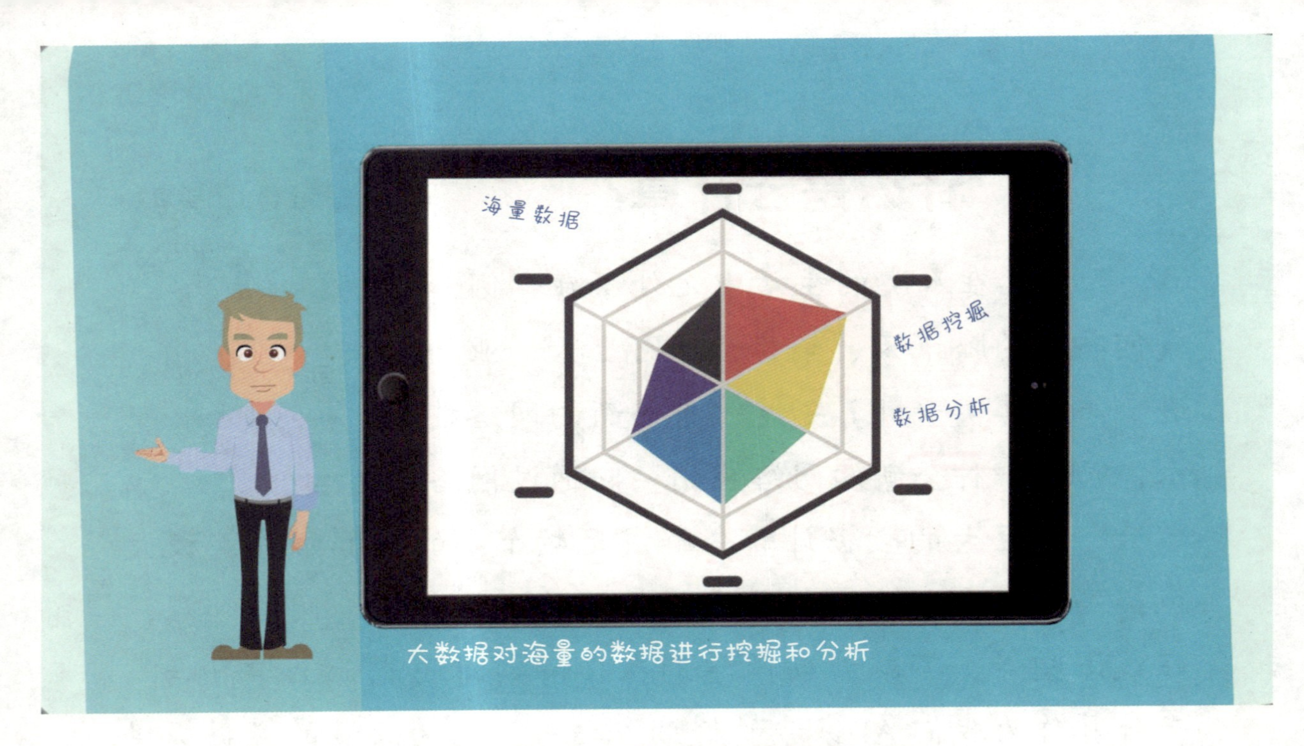

什么是大数据？

有了强大的计算能力，大数据这个好朋友就可以对海量的数据进行挖掘和分析，帮助我们实现从数据到信息的转换。

那什么是数据？什么是信息？

例如，你每天都会在今日头条上花10~20分钟浏览足球比赛的新闻，从数据来说，这是时间的统计；从信息来说，是你关注足球赛事这一事件。

那我们AI做什么呢？AI是对数据进行学习，对信息进行理解，最终实现从数据到知识和智能的转换。这样，通过

AI 的分析可知，这是一个每天都花时间关心足球比赛的人。因此，得出一个推断，你的画像是一个足球爱好者。

是不是听起来很简单，但又很神奇？作为人类的好朋友，我们 AI 知道你们喜欢什么，不喜欢什么。而且我们还和其他朋友们一起了解人类，帮助人类。

所以说，这些技术紧密相关，如果用人体来比喻，物联网是人体的神经网络，大数据是流动的血液，云计算是心脏，人工智能则是掌控一切的大脑。

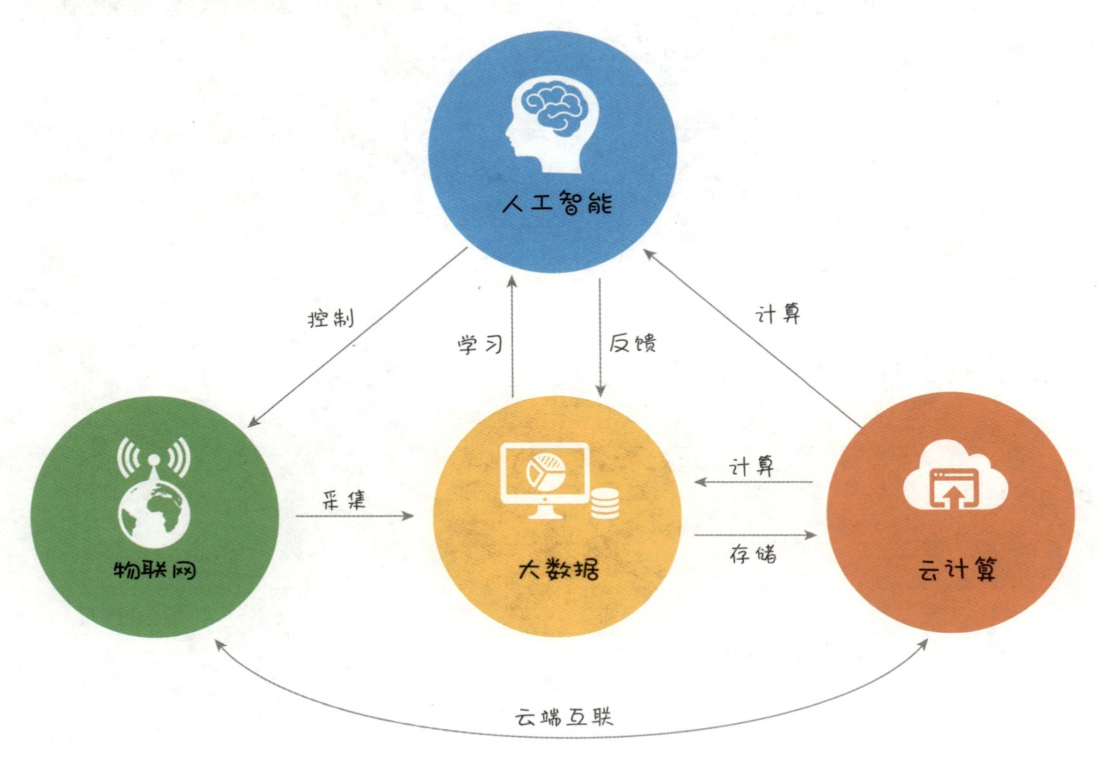

动手
做一做

找找身边云计算、物联网、大数据等技术的应用实例，可以列举出来，与同学、老师、家长交流分享。

大胆
想一想

伴随新一代信息技术的高速发展，还有哪些技术会给我们的生活和学习带来深刻变革？它们又与人工智能有着怎样的关系呢？

我学到了什么？

任务 3
人工智能经历了哪些发展阶段？

小孚小孚，我好羡慕你们这么聪明，无所不能，好像超人啊！

小艾，我们AI可不是一开始就这么聪明的，你不知道呢，我们的成长可不是一帆风顺的！

仔细看一看

人工智能的成长是一帆风顺的吗?

朋友们，要了解人工智能向何处去，首先要知道人工智能从何处来。其实，人工智能是人类创造的，1956 年夏季，在美国达特茅斯学院的一场会议上，人类就提出了“如何用机器模拟人的智能”，这次会议标志着人工智能的诞生。

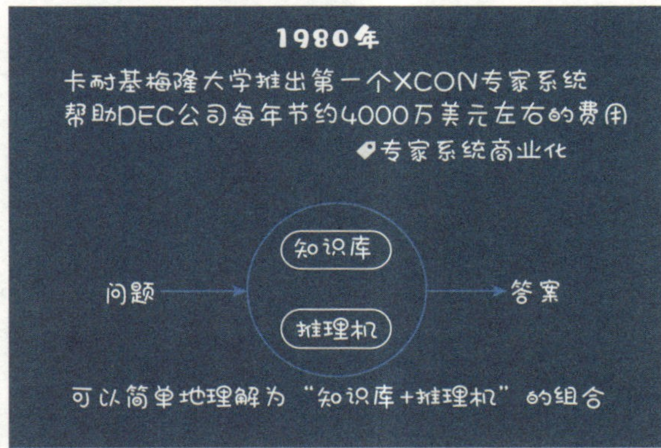

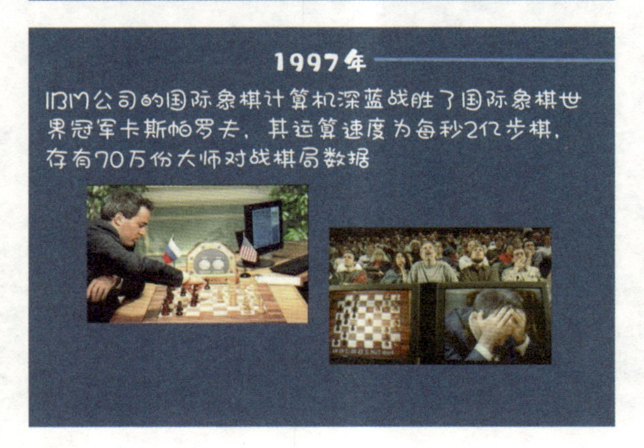

人工智能的发展不是一帆风顺的，其发展历程曲折起伏，高峰与低谷交替出现。总的来说，分为三个阶段：

第一阶段：人工智能起步期（1956年至20世纪80年代）

1956年的达特茅斯会议标志着人工智能的诞生。

1957年神经网络Perceptron被罗森布拉特提出。

1964年首台聊天机器人诞生。

1970年受限于计算能力，人工智能进入第一个寒冬。

第二阶段：专家系统推广（20 世纪 80—90 年代）

1980 年 XCON 专家系统出现，它具有强大的知识库和推理能力，可以模拟人类专家解决特定领域存在的问题，从此，机器学习（Machine Learning）开始兴起。

20 世纪 80 年代中至 90 年代中，XCON 专家系统应用有限，且经常在常识性问题上出错，人工智能迎来第二个寒冬。

第三阶段：人工智能爆发期 (20 世纪 90 年代至今)

1997 年 IBM 的“深蓝”战胜国际象棋冠军，成为人工智能史上的一个里程碑。

2006 年 Hinton 提出“深度学习”的神经网络。

2012 年 Google 无人驾驶汽车上路，人工智能迎来爆发式增长的新高潮。

例如图像分类、语音识别、知识问答、无人驾驶等人工智能技术，实现了从“不能用、不好用”到“可以用”的技术突破，人工智能迎来爆发期。

动手
做一做

查阅一些资料，选择一项新技术，看看它的发展历程是不是也和 AI 一样并非一帆风顺，可以做个小报告，与同学、老师、家长交流分享。

大胆
想一想

人工智能的发展已进入新的爆发期，未来还可能会遇到一些困难和发展瓶颈，可以大胆想象，接下来人工智能的发展会遇到哪些难题？应该怎样去解决呢？

我学到了什么？

任务 4
什么是人工智能的“发动机”？

小孚小孚，我特别好奇，你有这么聪明的脑袋、超强的能力，究竟是由什么构成的啊？

哈哈哈，我可是有秘密的。我的秘密就掌握在人类的学习里，当你们学习研究更进一步时，我的超能力又往前迈了一大步。

仔细看一看

人工智能由哪些核心组成？

作为人类创造的家族，我们 AI 的核心组成包括：大数据、算法和算力。其中，大数据可以比作我们 AI 的燃料，算法是发动机，算力则是支撑发动机高速运转的加速器，三者相辅相成。数据量的上涨、算力的提升和深度学习算法的出现极大地促进了我们 AI 家族的发展。

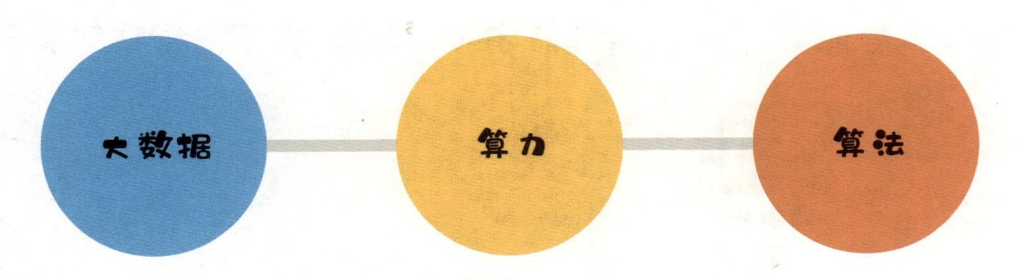

- **大数据**——这是让机器获得智能的钥匙，具有体量大、多维度、全面性三大特征。
- **算力**——每个聪明的 AI 系统背后都有一套强大的硬件系统，主要用于提供计算的能力，就是我们通常所说的芯片。
- **算法**——就是让机器通过大量的数据具备学习能力，例如深度学习、机器学习等。

人工智能的“发动机”——算法

如果说数据是我们 AI 的燃料，那么算法就是发动机，可以推动我们快速奔跑，所以算法的不断提升至关重要。

有了好的算法，有了被训练的数据，经过多次训练，并不断进行调整优化后，才能让我们 AI 不断提升学习能力。当新的数据输入后，以前的训练模型会自动给出结果，我们 AI 的最基础功能才能得以实现。

人工智能的算法包括机器学习、深度学习、类脑智能等。

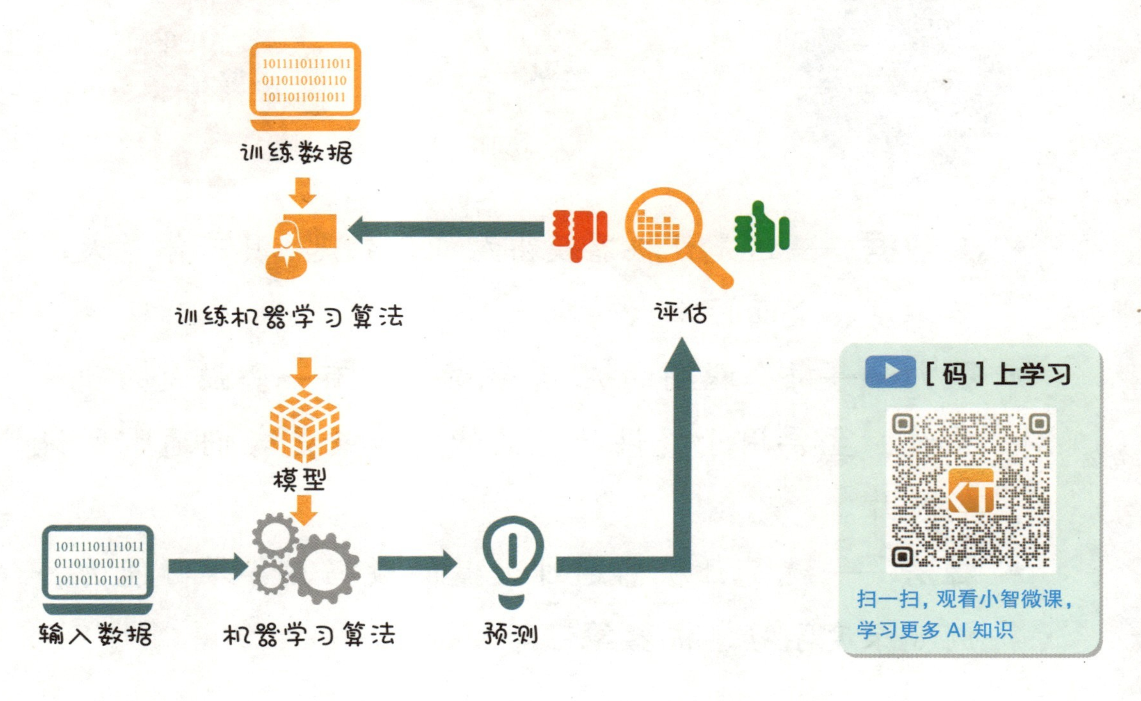

算法理论与数学密切相关，接下来我们将一起来简要了解一下什么是机器学习和深度学习。

首先，我们要了解人工智能和机器学习、深度学习的关系。应该说，人工智能是目标，是让机器智能化，即产生出一种新的能与人类智能相似的方式并做出反应。而机器学习是实现人工智能的重要手段之一，深度学习则源于机器学习的一个技术方向——ANN（Artificial Neural Network，人工神经网络）。

初步理清了三者间的关系，接下来我们将在下面的学习中一起实践什么是机器学习，什么是深度学习。

动手
做一做

作为 AI 的核心组成，大数据、算法、算力是如何发挥作用的？列举生活中的例子，与同学、老师、家长交流分享。

大胆
想一想

算法是人工智能的“发动机”，它的不断升级使机器越来越快、越来越智能，可以大胆设想，未来会有怎样的算法出现？又会带来什么样的应用场景呢？

我学到了什么？

体验篇

感受人工智能的神奇魅力

小孚小孚，我们已经初步认识你和 AI 家族了，我们还想更深入地了解你们呢！

好呀，那你们跟紧我的脚步，千万不要掉队哦！

是呀，带我们继续深入探索 AI 的世界吧！

学习目标

核心知识

1. 了解为什么机器能识字看人。
2. 了解为什么机器能闻声识人。
3. 想一想机器能像人类一样交流和思考吗。

能力要求

1. 学习方式：概念认知与动手实践相结合。
2. 掌握内容：让同学们对人工智能应用技术的概念及流程，如图像识别技术、语音识别技术及自然语言处理等，能有基础的认识，并能学会调用成熟的机器学习模型完成体验项目，通过动手操作加强对AI应用技术的理解。

内容概览

体验篇：感受人工智能的神奇魅力

任务5 为什么机器能识字看人？

- 什么是图像识别？
  - 目标就是用“机器眼”来代替人眼，包括人脸识别、物体识别、文字识别、视频识别等
- 图像识别的流程
  - * 图像获取
  - * 信息预处理
  - * 特征提取和选择
  - * 分类器设计
  - * 分类决策
- 体验项目：项目1 图像识别——这是小狗吗？

任务6 为什么机器能分辨你的姿态？

- 什么是人体姿态识别？
  - 让计算机通过对人体姿态的分析知道人在做什么
- 人体姿态识别的流程
  - * 图像数据获取
  - * 人体分割
  - * 人体姿态识别
  - * 数据分类
- 体验项目：项目2 姿态识别——小小指挥家

任务7 为什么机器能闻声识人？

- 什么是语音识别？
  - 让机器通过识别和理解把语音信号转变为相应的文本或命令
- 语音识别的主要应用
  - * 语音输入系统
  - * 语音控制系统
  - * 语音对话系统
- 体验项目：项目3 语音识别——智能跟读者

任务8 为什么机器能吟诗作对？

- 什么是自然语言处理？
  - 使计算机拥有理解、处理并使用人类语言的能力
- 自然语言处理能帮助我们做什么？
  - * 机器翻译
  - * 情感分析
  - * 智能问答
  - * 个性化推荐
- 体验项目：项目4 自然语言处理——AI小诗人

任务 5
为什么机器能识字看人？

小乎小乎，你们是怎么读书识字、看人看世界的呀？

那就要从我的眼睛说起了，我的眼睛很神奇的，能识别图像、文字、人脸等，加上我强大的记忆力，能够做到过目不忘，厉害吧！

仔细
看一看

什么是图像识别?

当看到一张图片时，我们的大脑会迅速搜索，根据记忆判断是否见过这张图片或与它相似的图片，从而进行识别。其实这就是我们在“看到”与“感应到”的中间经历了一个迅速识别的过程。

机器的图像识别技术也是如此，通过分门别类地提取重要特征并排除多余的信息来识别图像。例如，我们对一只猫进行识别，它的颜色特征、纹理特征、形状特征以及局部特征点等，都和一只狗有着不同。

[码]上学习

扫一扫，观看小智微课，
学习更多 AI 知识

因此，机器识别的速度和准确率很大程度上取决于这些所提取出的特征。

图像识别技术非常重要，它是人工智能机器学习最热门的领域之一，目标就是用“机器眼”来代替人眼。图像识别包括：人脸识别、物体识别、文字识别和视频识别等。

例如，我们在生活中常见的是否佩戴口罩的识别、视频监控的识别、身份证的识别、车牌的识别、票据的识别等，都是图像识别的重要应用。

图像识别的流程是什么？

其实计算机的图像识别技术与人类的图像识别原理非常相似，过程也大同小异。我们依然以猫狗识别为例。

- 第一步，我们要通过拍照或者其他方式对猫狗的照片进行获取并上传到计算机中。
- 第二步，计算机将对图片的信息进行预处理。
- 第三步，是对图片的特征进行提取和选择，例如能够识别猫狗的重要特征（包括头的形状、毛发的柔软度、颜色等）。
- 第四步，是通过对机器进行训练得到一种识别规则，从而提高机器的识别率，例如头部尖尖，吐舌头，尾巴圆滚滚的，棕白相间的毛发，

这种组合的狗是柯基狗。这就是分类器设计。

- 第五步，判断所获取的物体是什么，给出近似的结果。

接下来，我们一起来看看机器是怎么实现物体识别的吧！

项目 1　图像识别——这是小狗吗？

在这个项目中，你将通过物体识别模型，看看机器能否认识这些通用物体。你可通过手机、计算机的摄像头或小孚 AI 模方拍摄物体照片，使用已经过训练的物体识别模型实时对照片进行检测，看看机器对物体的识别准确度有多少。

步骤 1 登录艾智讯·启智平台（kt.aitrais.com），单击导航栏的“AI 体验馆”按钮，进入 AI 体验项目模块，找到“这是小狗吗？”体验项目，单击进入。

步骤 2 在页面底部提供了一些平台内置的图像样本，单击选中一张猫或狗的图像（也可单击“本地上传”或“打开镜头”按钮，获取计算机中保存的图片或实时拍摄图片）。

步骤 3 平台调用物体识别模型，提取图像中物体的结构特征。

步骤 4 图像识别过程完成后，平台根据特征进行分析并返回图像识别结果，显示在右边的结果显示区。

在这个项目中你做了什么？

你已经使用预先训练的物体识别模型体验了机器能不能识别通用的物体。很多人工智能爱好者收集了大量通用物体的照片，他们对照片进行分类，并训练机器如何识别这些通用物体，这就是机器学习中的物体识别模型。

别看这些物体很常见，对机器来说，就像很小的孩子一样，很多东西都需要我们教它从头认识。现实世界的机器学习项目通常使用其他人已经训练过的模型。当你没有时间收集自己的训练数据时，这是快速制作项目的好方法。

这项技术是如何使用的？

物体识别技术可以让机器识别动物、植物、商品、食材、建筑以及很多常见的物体，同学们常用的“识花君”就是利用物体识别技术帮助我们认识更多的植物的。神奇的拍照识图其实就是这个原理。

物体识别其实就是图像识别技术的一个应用，在车牌识别、人脸识别、图片识别等方面应用广泛。不过这只是起着导盲犬性质的指引作用，还需要通过人工不断对图片添加标签或注释，以帮助机器来认识和理解图片。

大胆想一想

同学们，除了物体识别，我们还能让机器识别什么？常见的二维码识别是怎么实现的？未来，不需要人工训练就能够具有像人一样的视觉、能够理解图像内容的人工智能会出现吗？

我学到了什么？

任务 6 为什么机器能分辨你的姿态？

哇哦！小孚，你好厉害啊！

哈哈，还有更厉害的呢！除了静态的图像、文字，我还可以识别动态的视频，连续的人体动作和行为姿态呢……

仔细看一看

什么是人体姿态识别?

我们都知道，每个人的姿态都各不相同，而人体姿态是人体重要的生物特征之一，例如我们走路的步态、跑步的姿势、头部转动的姿态、手势的形态等。姿态识别能让计算机知道人在做什么，有很多的应用场景，例如在线学习、安全监控、移动支付和娱乐游戏等。

人体姿态识别的流程是什么?

人体姿态识别关键在于人体特征的提取，即先检测人体关键点的信息，例如头顶、五官、颈部、四肢等主要关节部位的信息，再根据关键点描述人体的骨骼信息。在人脸轮廓的定位中，重点是对眉毛、眼睛、瞳孔、鼻子、嘴、额头等的位置进行精准定位。

接下来，同学们一起来做智能指挥家吧！

动手做一做

项目 2　姿态识别——小小指挥家

在这个项目中，你将通过人体姿态识别模型，完成对一支管弦乐队的指挥。通过计算机摄像头拍摄你的手臂姿态，捕捉跟踪你的动作，即可通过移动手臂来改变交响乐的速度、音量和乐器种类。人体姿态识别模型将自动根据你的动作，实时生成一段交响乐。

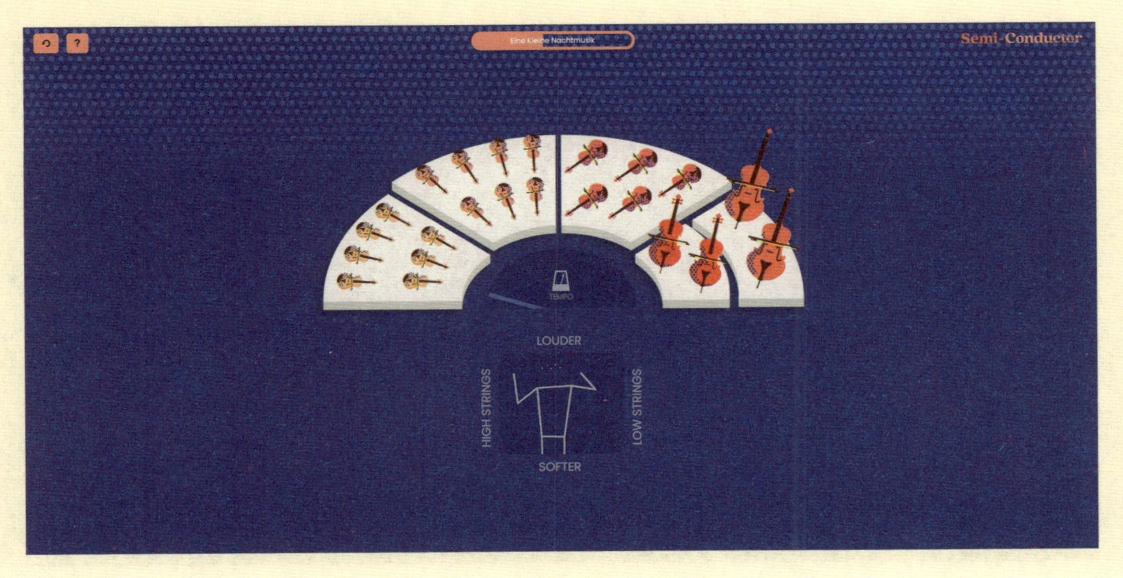

步骤 1　登录艾智讯·启智平台，单击导航栏的“AI 体验馆”按钮，进入 AI 体验项目模块，单击进入“小小指挥家”体验项目。

步骤 2 提前准备笔记本计算机自带的摄像头或者台式计算机连接的摄像头，单击“马上开始”按钮，等待摄像头准备就绪并获取拍摄画面。

步骤 3 移动位置，伸开双臂，使身体在虚线范围内，平台调用姿态侦测模型的 AI 算法接口，对该画面提取人体的关键点信息，完成姿态对焦。

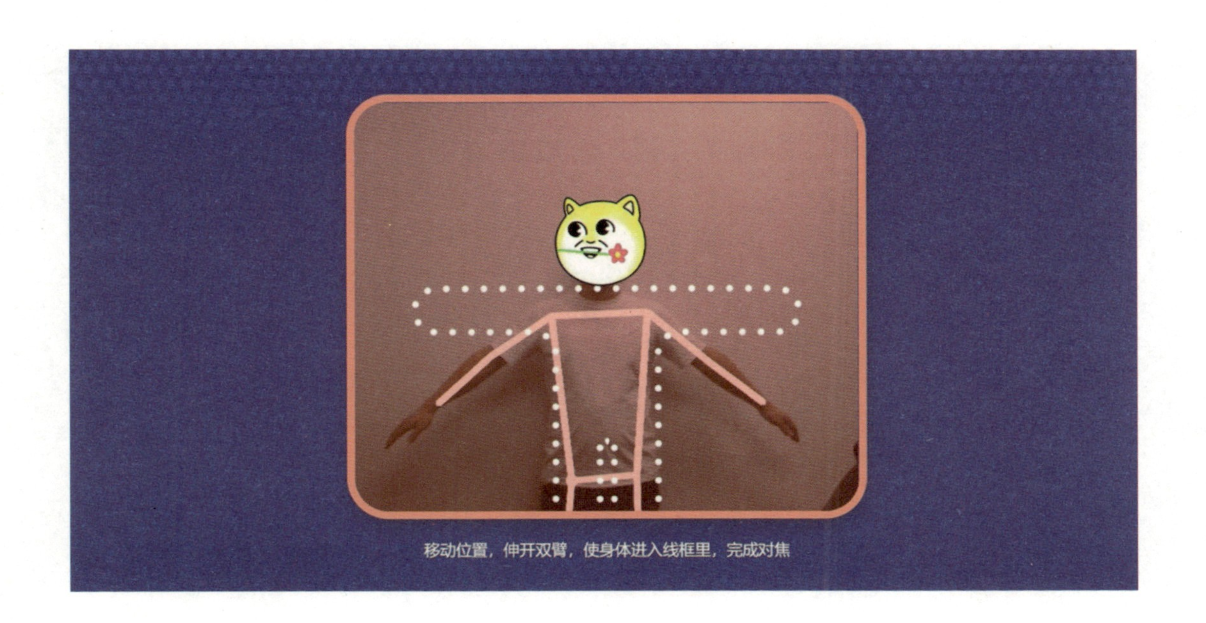

步骤 4 几个指挥演奏关键点。

① 移动手臂，动得越快，节奏越快。

② 手臂往上抬高，乐器声音逐步增大；手臂往下降低，乐器声音逐步柔和。

③ 左右手分别对应左右方的乐器，从一侧移到另外一侧可控制演奏对应的乐器。

步骤 5 了解基本规则后，站在完成姿态对焦时的位置，挥动手臂及调整姿态，尝试完成一首交响乐的演奏指挥。至于乐器的协调和节奏的掌握，那就看你的指挥水平了。

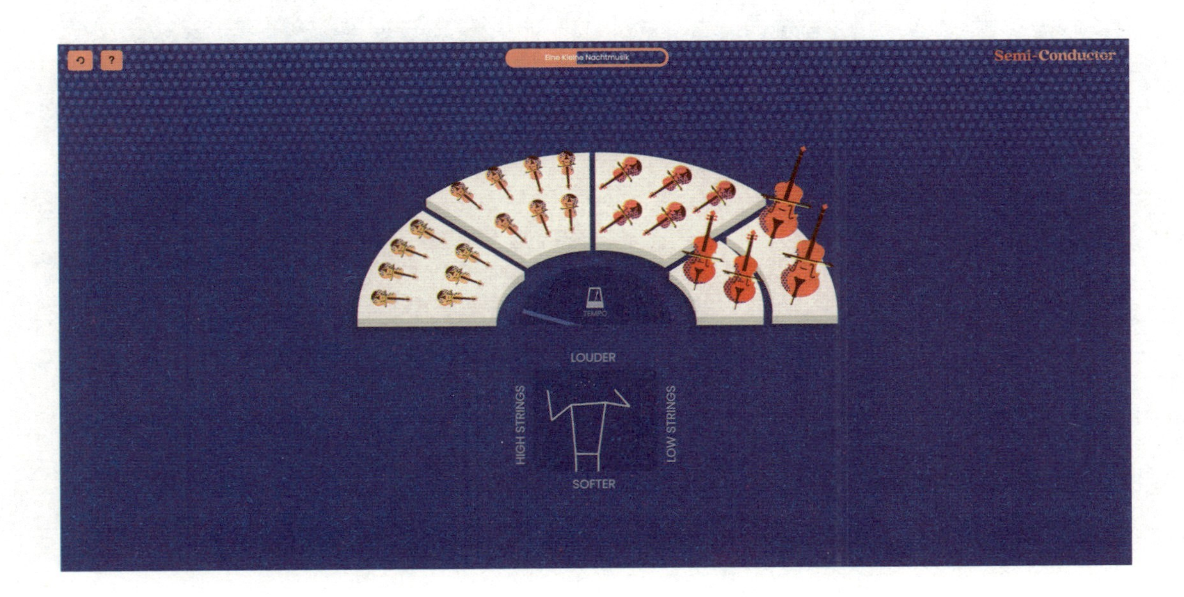

步骤 6　查看页面中的进度条，实时了解演奏指挥的进度，直到进度条填满，完成指挥并进行谢幕，体验指挥的完整过程。

在这个项目中你做了什么？

在这个项目中你使用了姿态识别机器学习库，这里面包含了来自现场乐器演奏时录制的数百个微小音频文件，通过网络摄像头捕捉动作，算法会根据捕捉到的动作播放对应的音频。

这是一种面向姿态估计的机器学习模型，可以在浏览器中对人的姿态和动作进行分析和估计。

这项技术是如何使用的？

姿态识别技术是机器视觉技术的一类，例如可以通过检测确定我们的肘部、腿部等出现在图像中的位置。但需要注意的是，这项技术无法识别图像中人物的身份，只用来检测身体关节出现的位置。

人体姿态识别技术应用广泛，常用于运动、体感游戏，家庭安全监控等。例如家里的小孩子摔倒了，通过家庭安全监控系统，可以识别出特殊的人体姿态，从而及时做出响应。

大胆想一想

同学们，想一想，人体姿态识别在我们的生活和学习中还可以有哪些用途？未来，我们可以尝试做一个检测人们打羽毛球姿势是否标准的识别模型吗？

我学到了什么？

任务 7
为什么机器能闻声识人？

小孚小孚，再讲讲你是怎么听到的吧！

好呀，我的耳朵同样很神奇，能听见并且辨别不同的声音，闭上眼睛也能听出小艾和小智的声音呢！

仔细看一看

什么是语音识别？

语音识别就是让机器通过识别和理解把语音信号转变为相应的文本或命令。语音信号具有得天独厚的优势，包含了大量的内容信息。例如：说的是普通话还是四川话，这是普通话和方言的差别；说话的人是老人还是小孩，这是年龄方面的

差别；说话的人语气是高兴、悲伤、恐惧还是焦虑，这是情感信息的差别。所以说，语音识别已经成为人工智能应用的一个重点。

同学们，想一想，我们平常生活中用得最广泛的语音识别系统有哪些？

1. 语音输入系统

就是将语音识别成文字，比如微信的语音转换成文字、讯飞输入法等。

2. 语音控制系统

通过语音控制设备，彻底解放双手，例如我们常见的小度音箱、小米音箱等。

3. 语音对话系统

这个系统更为复杂，它会根据用户的语音实现交流与对话。例如：家庭机器服务员、智能订票系统等，都起到了非常重要的作用，代表着语音识别未来的方向。

接下来，同学们一起来做一个语音识别的体验吧！

项目 3　语音识别——智能跟读者

在这个项目中，通过导入一段你的声音，让机器来学习识别，可以选择你喜欢的声音来跟读模仿。

步骤 1　登录艾智讯·启智平台，单击导航栏的“AI 体验馆”按钮，进入 AI 体验项目模块，单击进入“智能跟读者”体验项目。

步骤 2 单击“上传音频”或者“开始录制”按钮，上传一段音频让机器开始学习识别你的声音。

语音输入

语种：中文普通话

上传音频

开始录制

上传录制好的音频或点击麦克风按钮输入你希望转换的语音内容，录音完成后，点击"停止录音"。选择你希望生成的音色，点击"开始跟读"，等待系统播放转换后的声音效果。

步骤 3 机器学习完成后，选择一种你喜欢的声音，单击“开始跟读”，机器就可以用你选择的声音来跟读你说的话了。

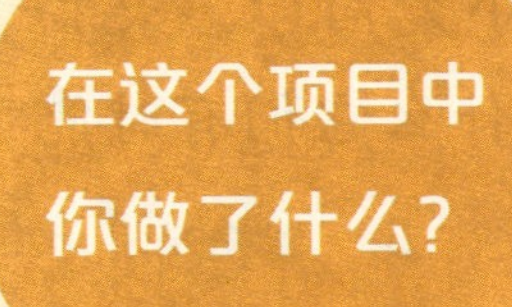

通过语音克隆技术，只需要使用少量音频进行训练，就能快速克隆自己的声音。语音克隆技术其实是语音合成技术的一大突破，通过生成许多不同说话者的语音音频，将个人的情感表达、发音特点等信息迁移到合成声音中，运用深度学习创造一种模仿个人说话语气的人工语音，不断训练，最后连口音也能很好地克隆出来。未来，随着语音克隆技术的发展，只需要很少的语音数据，就能快速克隆出目标的声音。

这项技术是如何使用的?

语音克隆技术应用广泛，既可以帮助患有语言障碍的病人通过一些学习来获得失去的声音，也可以应用在角色当中，让角色拥有和自己一样的声音，来获得沉浸式的体验。当然在生活中，还可以用于个性化的数字助理，例如我们智能手机里面的语音助手等。但同学们也要特别注意，当你的声音被模仿的时候，不法分子可能会乘虚而入，在网络上或电话上进行语音电话诈骗。所以，人工智能技术在推动生活进步的同时，我们也要关注它可能带来的问题和风险。

大胆想一想

同学们可以打开家里的小度小度、小爱同学、天猫精灵等，试着和它们说说话。想一想，为什么它们有时能听懂我们说的话，有时又答非所问呢？

进一步思考一下，AI 可以通过声音判断一个人的身份吗？如果可以，它是如何实现的呢？同学们可以查阅资料进一步了解语音识别的应用，大胆想象未来还会有怎样的应用场景出现。

我学到了什么？

任务 8

为什么机器能吟诗作对？

小孚小孚，我很好奇，AI家族会和人类一样拥有相互沟通的语言吗？

这可是个不好回答的问题啊，其实我们AI家族的每一次进步，都是机器语言向人类语言迈进了一大步，用我们AI的术语，这叫作“自然语言处理”。

弥补人类交流自然语言与机器理解机器语言之间的差距

仔细看一看

什么是自然语言处理？

未来的某一天，人和机器会形成统一的语言吗？机器会像人一样能思考、理解、做决策吗？

这就是人工智能最“聪明”的智能水平——认知智能。而自然语言处理（NLP）的出现就是在人类语言和机器语言之间搭起

了一座桥梁，使计算机拥有理解、处理并使用人类语言的能力。

例如，一台机器如果既懂汉语，又懂英语，那么它就可以在两者之间充当翻译；如果空调能理解人们的语言，那么人们就可以不用按钮而是直接通过说话来遥控空调了。自然语言是人类区别于其他动物的根本标志之一，只有当计算机具备了处理自然语言的能力时，机器才算实现了真正的智能。

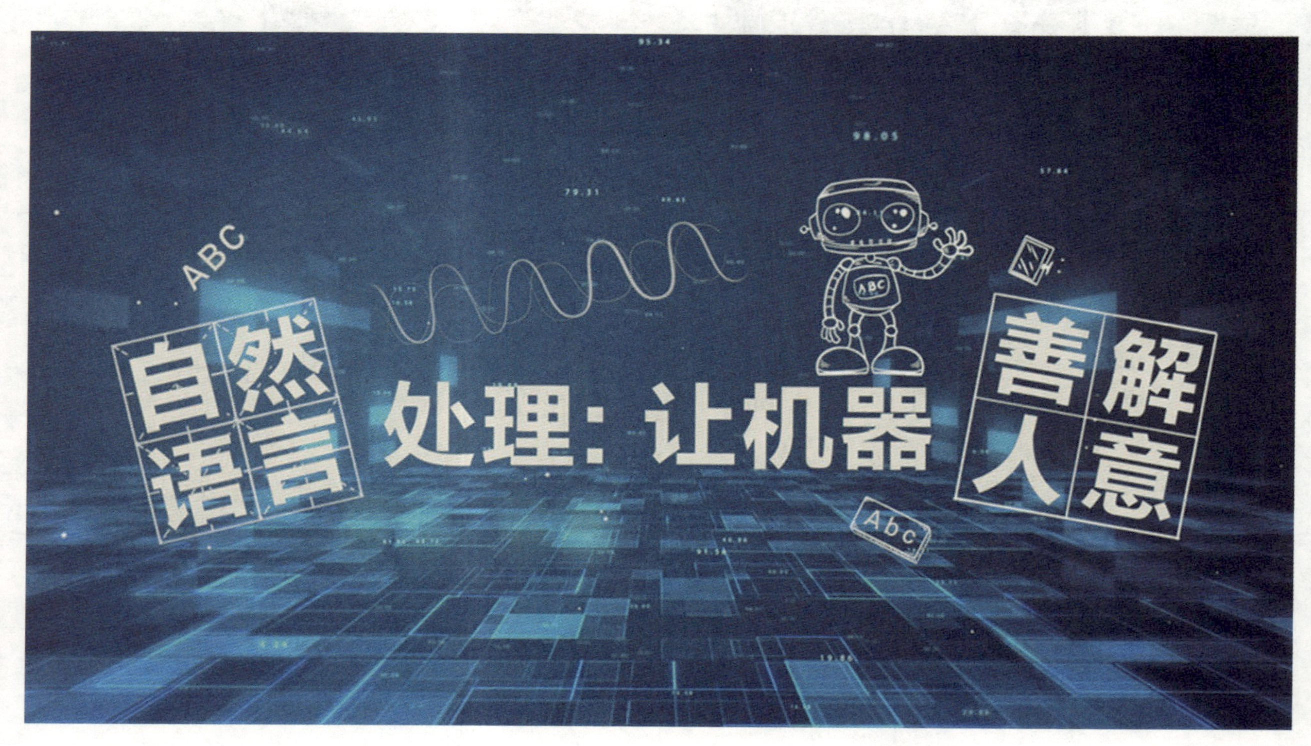

自然语言处理能帮助我们做什么?

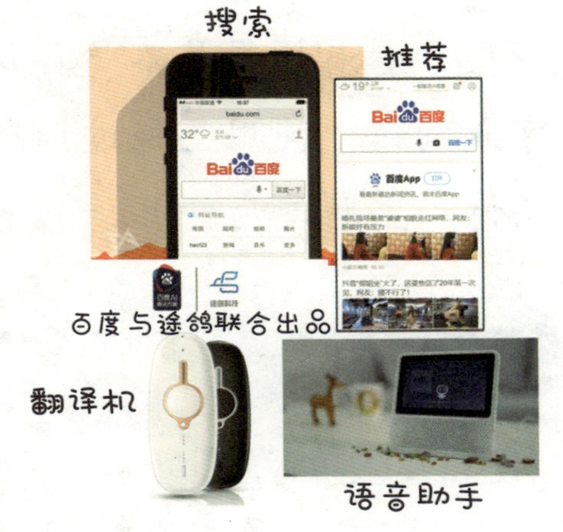

自然语言处理在我们的日常生活中正扮演着越来越重要的角色。

“机器翻译”让世界变成真正意义上的地球村，满足了全球各国多语言快速翻译的需求。

“情感分析”我们随处可见，它能够从网络上的大量数据中判断出一段文字所表达的观点是积极的还是消极的。

“智能问答”更是常用于智能语音客服中，我们甚至都不太能清楚判断是在和人类对话还是在和机器对话。

更常见的还有“个性化推荐”，常用于在线学习、网上购物等场景，它比我们还清楚自己的兴趣爱好。例如，当我们无意中在淘宝上关注了一款玩具，以后再打开淘宝，类似的玩具会被源源不断地推送。我们在不经意地训练着机器，而机器也在更努力地学习我们、理解我们……

接下来，同学们可以体验一下什么是机器诗人。

动手做一做

项目 4　自然语言处理——AI 小诗人

在这个项目中，你将通过自然语言处理智能写诗模型，看看机器是不是具备自己写诗的能力。输入任意的关键字或词语，使用已经过训练的智能写诗模型实时作诗（可写藏头诗和主题诗两种）。

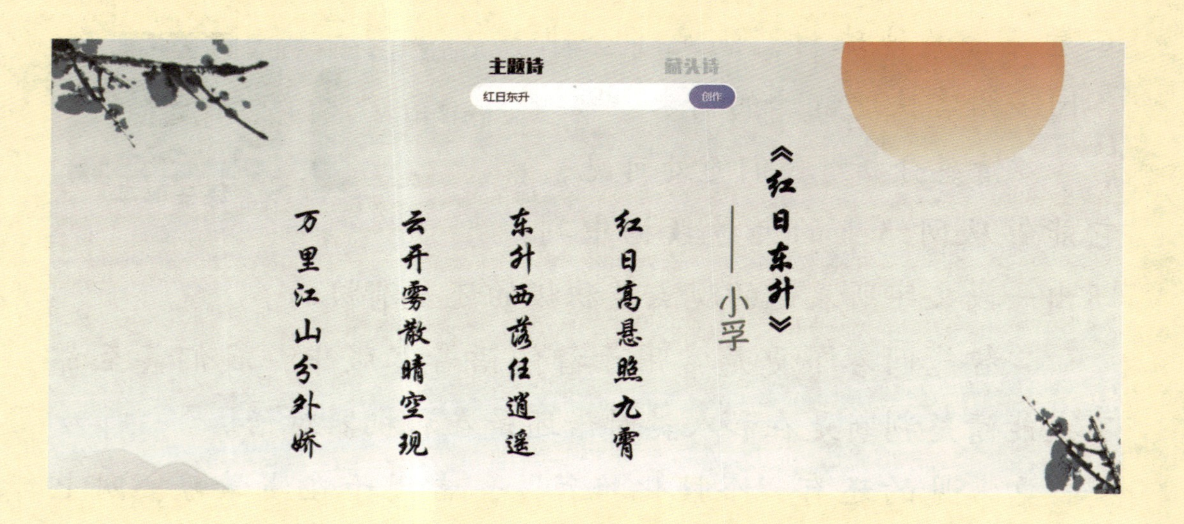

步骤 1　登录艾智讯·启智平台，单击导航栏的“AI 体验馆”按钮，进入 AI 体验项目模块，单击进入“AI 小诗人”体验项目。

步骤 2 可选择“主题诗”或“藏头诗”进行创作（默认进入“主题诗”创作模块），单击输入框，输入一个关键词（例如“红日东升”）。

步骤 3 单击“创作”按钮，平台调用智能写诗模型的 AI 算法接口，对该关键词进行解析，根据该关键词的含义，完成一首诗的创作，最终返回创作结果，并显示在中间的结果显示区。

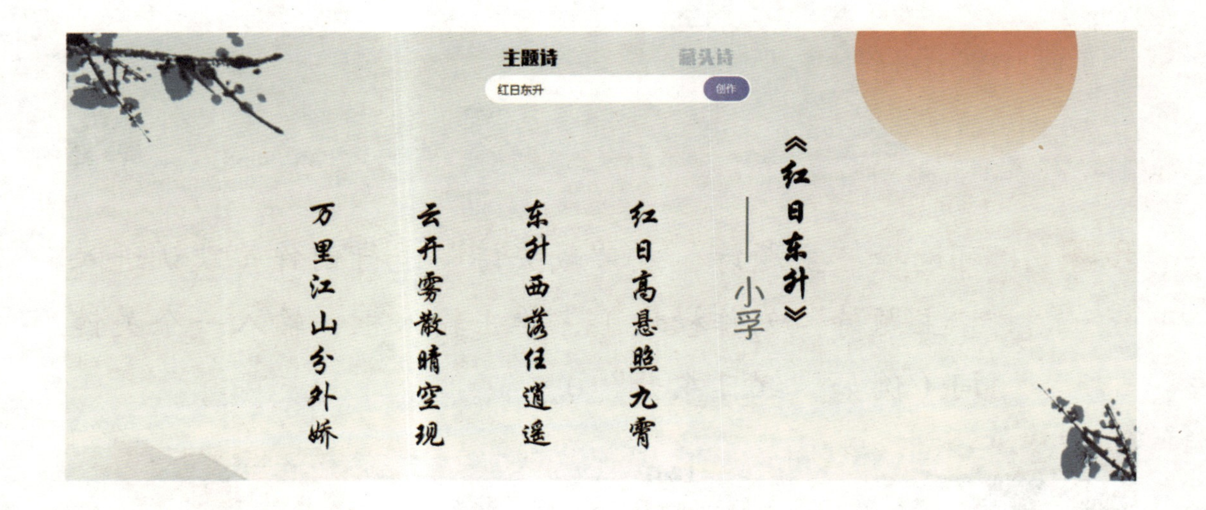

在这个项目中你做了什么？

你已经使用预先训练好的智能写诗模型体验了机器写诗的能力。“熟读唐诗三百首，不会吟诗也会吟”，其实，智能写诗模型的原理也一样。有很多人工智能爱好者设计并训练智能写诗模型。怎么训练？就是让智能写诗模型读上万首诗，学习各种不同类型或不同主题的诗，让机器掌握写诗的一些基本特征规律。

其实，诗的素材和数量越多，就类似我们给机器喂养的数据越大，这样智能写诗模型越能得到优化，机器诗人的水平也就越高。

这项技术是如何使用的？

智能写诗模型应用了自然语言处理技术，通过机器学习上万首甚至几十万首律诗和绝句，形成能表现题目、句子和词汇三者关系的数据库。这里面有很多相关词，比如银河、飞泉、峰前等都是和瀑布关系密切的词。这个时候，随便把某个相关词与瀑布组合，都是比较连贯的。

大胆想一想

同学们，想一想，为什么现在机器写的诗句还会出现很多不连贯、不押韵的情况？为什么同是机器人，这个写的诗和那个写的诗差别会这么大？

我学到了什么？

实践篇

探索人工智能的实际应用

人工智能已经走进了我们的生活，给我们的世界带来了很多变化……

你们说得很对，AI已经走进了各行各业和人们的生活，无人超市、无人工厂、无人驾驶……我们先从生活中的小应用开始了解吧！

是啊，现在好多客服电话都是机器人在接听了呢，是不是未来很多人类的工作都被AI取代了呢？

学习目标

核心知识

1. 了解数据标注的常用方法及基本流程。
2. 了解图形化编程的基础知识和常用积木的用法。
3. 了解数据标注与模型训练的关系，理解智能垃圾分类的基本工作原理。
4. 了解智能家居的语音控制原理、电子设备显示（光学三原色）的调色原理。

能力要求

1. 学习方式：以动手实践为主。
2. 掌握内容：以生活中的人工智能应用为切入点，让同学们了解其中的基本工作原理和实践操作，例如数据标注与模型训练、图形化编程、图像识别、语音问答、智能硬件设备的联动（通过程序控制声、光、电及传感器组件）等，并通过动手操作加强对其中应用技术的理解。

内容概览

实践篇：探索人工智能的实际应用

- 任务9 做机器的“饲养员”
  - 常用的图像标注方法
    - 分类标注、标框标注、描点标注、区域标注
  - 数据标注有哪些流程？
    - 数据采集与处理、选择数据标注方法、进行标签配置、标注数据内容、数据发布或导出
  - 实验项目
    - 项目5 图像分类标注——小小数据标注师
    - 项目6 图像方框标注——你佩戴安全帽了吗？
- 任务10 打开与机器沟通的大门
  - 图形化编程界面
    - 由积木类别区、积木选择区、积木编辑区、预览区、已选素材区及工具栏等几部分组成
  - 根据积木模块的外观分类
    - 堆叠积木、嵌套积木、参数积木和事件积木
  - 实验项目
    - 项目7 顺序结构——跟我一起读唐诗
    - 项目8 循环结构1——地球与太阳
    - 项目9 选择结构——看图识物小能手
    - 项目10 循环结构2——猜数字
- 任务11 AI与地球家园
  - 我们为什么要保护地球？
    - 美丽的蓝色星球——我们赖以生存的唯一家园
  - 实验项目
    - 项目11 昼夜长短的秘密——换个角度看地球
    - 项目12 爱护环境从垃圾分类开始——这是哪一种垃圾？
- 任务12 AI与生活之美
  - 未来已来——让AI点亮智慧生活
    - 智能家居——智能语音控制
    - 灯光颜色控制：颜料三原色到光学三原色（RGB）
  - 实验项目
    - 项目13——霓虹灯色彩斑斓的秘密——神奇的调色盘
    - 项目14 探秘智能家居语音控制——智能语音小助手

任务 9

做机器的“饲养员”

小孚小孚，AI家族的能力好强，怎么能认识这么多东西啊！

那就要从人类对我们的训练开始讲起哦！我们的学习成长、我们的知识可都离不开人类的训练。人类通过数据标注的方法，不断地教我们认识文字、认识图片、认识视频、认识语音，慢慢的，我们认知世界的系统就越来越强大了。

仔细看一看

为什么要进行数据标注?

人工智能可不是一开始就具备强大的学习能力的，有多少智能，背后就有多少人工。其实，人类就是通过数据标注的方法，对机器的学习能力进行训练，通过常见的分类、画框、标注、注释等方法，对图片、语音、文本等数据进行处理，反复

标记出它们的特征，作为机器学习的素材。例如我们常见的猫狗识别模型，虽然看上去很简单，但实际却需要人类像教小孩子一样，不断用图片告诉机器，这是小猫，这是小狗，经过上万张图片的训练，机器就自动具备了学习的能力。因此，这也是我们前面所说的，当机器学习的图片量（也就是数据量）越大，它的学习能力就越强，识别度就会越高。

我们根据标注对象不同，将数据标注划分为图像标注、语音标注、文本标注。

我们在生活中常见的植物识别、人脸识别、车牌识别、语音识别、汽车无人驾驶、身份证识别等，背后都离不开数据标注的贡献。当然，更离不开人类将数据标注后对机器的不断训练。

常用的数据标注方法

图像标注就是将标签添加到图像上的过程，既可以是在整个图像上仅使用一个标签，也可以是在某个图像内的各组像素中配上多个标签。根据适用范围不同，通常有以

下几类图像标注方法：

分类标注：就是我们常见的打标签，一般是从既定的标签中选择数据对应的标签名称。此方法主要用于物体分类，比如猫狗分类、植物分类、食品分类等。

标框标注：就是通过标框，标注图像中某些需要关注的特征。此方法主要用于物体检测、人脸检测、目标检测等。

描点标注：在对特征要求细致的应用中常常需要使用描点标注，例如人脸识别、骨骼识别、人体姿态识别等。

区域标注：针对图像中的区域进行范围标注，边缘可以是柔性的，比如自动驾驶中的道路识别。

当然，除了图像标注，还有语音标注、文字标注等。其实，它们本质上都是对不同的数据样本进行标注训练，以帮助机器更好地认识和理解人类的图片、文字和语音。机器学习得越多，它们的准确率也会越高。

接下来，我们一起来做一做数据标注的小实验吧！

数据标注有哪些流程？

大家想一想，在学校里老师教什么，我们学什么，所以老师教的内容很重要！数据标注也同样如此，机器学习的内容与人类训练用数据的质量高度相关。如果我们答案都弄错了，机器学习到的内容肯定是错误的。因此，我们需要为数据标注建立一套标准的流程，并进行质量检查。接下来我们以啄木鸟识别为例进行介绍。

- 第一步，数据采集与处理。我们可以通过从网上下载或者其他方式获取红腹啄木鸟、红头啄木鸟、绒毛啄木鸟的照片并上传到计算机中。
- 第二步，选择数据标注方法。我们的目标不同，数据标注方法也不相同。由于我们想分类的是红腹啄木鸟、红头啄木鸟、绒毛啄木鸟，因此需要选择图像分类标注方法。
- 第三步，进行标签配置。也就是对图片的特征进行提取和选择，并对重要特征打上标签，例如确定红腹啄木鸟和红头啄木鸟的重要特征分别是什么（包括鸟的肢体、头的形状、局部的特征差别等）后，分别打上标签。

- 第四步，标注数据内容。通过标注工具，对选取的照片进行分类标注，教机器认识哪一张图片是红腹啄木鸟，哪一张图片是红头啄木鸟，并使用多张图片反复进行训练。
- 第五步，数据发布或导出。经过数据检查并确认无误后，将分类标注好的数据集发布或者导出到本地计算机中，方便后续的模型训练使用。

项目 5　图像分类标注
——小小数据标注师

在这个项目中，你将通过图像标注的分类标注方法，教机器通过图片去识别物体，认识世界。你可通过从网上下载或使用手机、平台、小孚 AI 模方收集或拍摄不同种类啄木鸟的照片，当然，图片越多越好。在本次的学习中，我们希望大家学会使用 AI 数据标注工具对啄木鸟的图片进行分类标注，以区分哪些是红腹啄木鸟，哪些是红头啄木鸟、绒毛啄木鸟，为机器准确识别啄木鸟的种类打下基础。

红腹啄木鸟

红头啄木鸟

绒毛啄木鸟

步骤 1 登录艾智讯·启智平台，单击导航栏的“AI 实验室”按钮，进入 AI 实验项目模块，找到“小小数据标注师”实验项目，单击进入项目详情页，单击“开始实训”，进入数据标注操作界面。

步骤 2 数据标注方法选择。进入“数据标注工具”下的“图像标注”，选择“图像分类标注”，进入下一步。

任务列表

图像标注

图像分类标注

图像方框标注

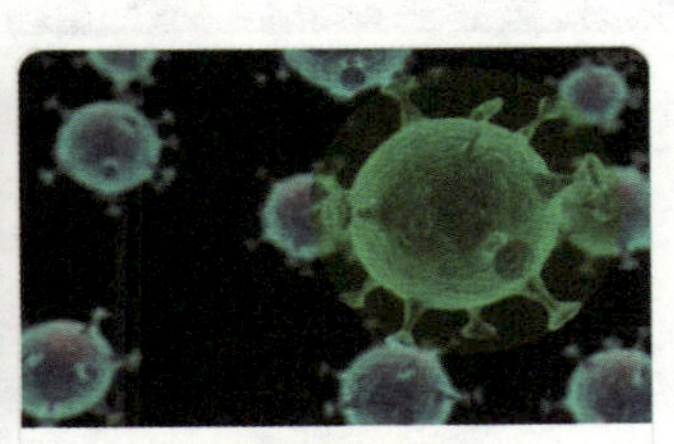
图像圆框标注

图像多边形标注

图像区域标注

图像描点标注

步骤 3 数据采集方式选择。可选择“本地上传”“拍摄图像”“平台数据”中任一方式获取照片。本次我们采用“平台数据”方式。要求每类啄木鸟至少标注 20 张不同的图片作为训练数据集，然后再另外获取 5 张照片作为测试数据集。单击“平台数据”，选择啄木鸟数据集，单击“确认”，完成数据加载后，单击“下一步”，进入下个环节。

步骤 4 图片标签配置。进入啄木鸟图像分类数据标注界面，根据啄木鸟的特征进行分类，并建立分类标签。具体特征为：红腹啄木鸟的腹部有红色羽毛；红头啄木鸟整个头部都有红色羽毛； 绒毛啄木鸟腹部的羽毛呈现绒毛状，有少量或者无红色羽毛。按此分类后，单击“配置完成”，进入下一步。

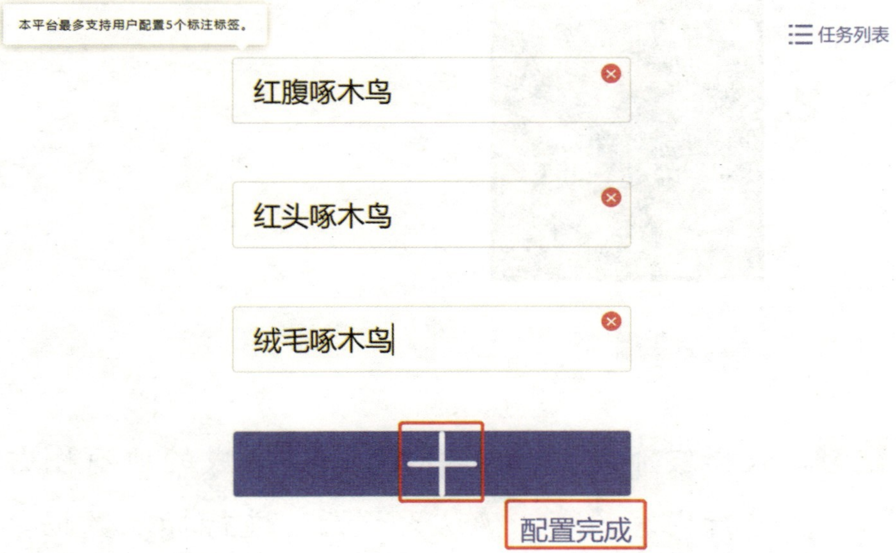

本平台最多支持用户配置5个标注标签。

任务列表

红腹啄木鸟

红头啄木鸟

绒毛啄木鸟

＋

配置完成

步骤 5 标注数据内容。根据图片特征在对应的分类标签复选框上打钩，单击“提交”。也可单击“任务列表”，查看当前任务进度。继续标注下一张图片，直到完成所有待标注图片集的标注，确认完成且数据无误后进入下一步。

步骤 6 数据发布或导出。针对上一步完成的所有图片的标注，进行内容检查，确认无误后，进行标注数据集的发布。也可选择导出到本地计算机中，方便后续的模型训练使用。

项目 6　图像方框标注——你佩戴安全帽了吗?

步骤 1　登录艾智讯·启智平台，单击导航栏的“AI 实验室”按钮，进入 AI 实验项目模块，找到“你佩戴安全帽了吗？”实验项目，单击进入项目详情页，单击“开始实训”，进入数据标注操作界面。

步骤 2　数据标注方法选择。进入“数据标注工具”下的“图像标注”，选择“图像方框标注”，进入下一步。

图像标注

图像分类标注

图像方框标注

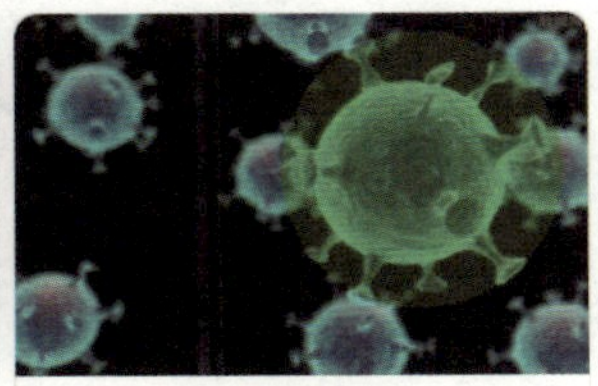

图像圆框标注

图像多边形标注

图像区域标注

图像描点标注

步骤 3 标注数据内容。本次我们采用“平台数据”方式。分别对“佩戴安全帽”和“未佩戴安全帽”标注 15 张不同的图片，然后再另外获取 5 张其他照片作为测试数据集。单击“平台数据”，选择是否佩戴安全帽数据集，单击“确认”，完成数据加载后，单击“下一步”，进入下个环节。

步骤 4 图片标签配置。根据是否正确佩戴安全帽进行分类标签设置。设置完成后，单击“配置完成”，进入下一步。

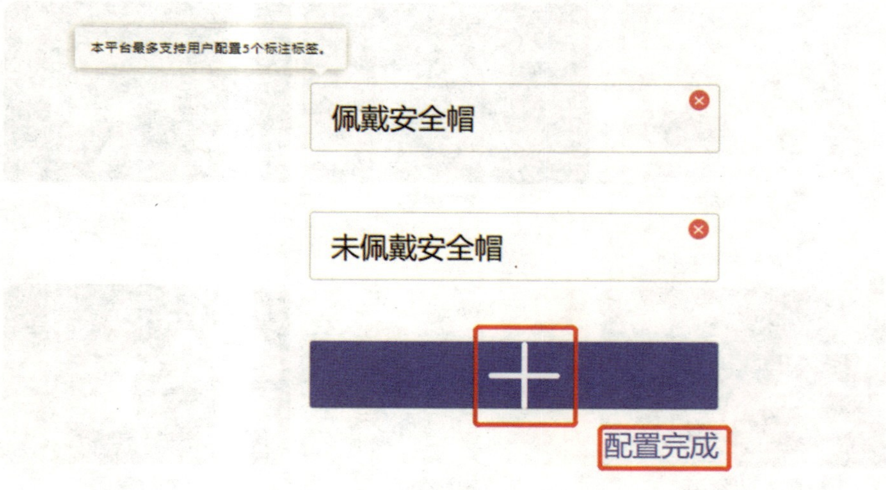

本平台最多支持用户配置5个标注标签。

佩戴安全帽

未佩戴安全帽

配置完成

步骤 5 数据标注方法。应特别注意，在标注的时候，一定要保证矩形方框包含了目标的轮廓信息，并刚好将目标包围住，因为轮廓信息对模型训练来讲很重要，它可以区分不同类型的目标。如果方框太大、太小或者位置偏移，都会影响对方框中真实内容的判断。因此，在此次任务中，需要将方框标注完整覆盖安全帽和人脸区域，严重偏离或者覆盖不完整都属于不规范标注，将会影响模型的识别度。

步骤 6 数据质检与导出。针对已完成的所有图片的标注，进行内容检查，确认无误后，进行标注数据集的发布。也可选择导出到本地计算机中，方便后续的模型训练使用。

项目5中，你通过使用图像分类标注，体验了如何教会机器进行物体分类。项目6中，你通过使用图像方框标注，学习了如何通过标框打标签的方式教会机器认知图片中的物体或行为。安全帽识别能够广泛应用于建筑工地的安全行为识别，便于工地的安全管理。这离不开人类的大量训练，离不开数据集的大量积累，所以说，数据是“黄金”，当我们掌握足够多的数据后，我们才有更多的样本去训练机器。

数据标注技术可以得到机器识别物体、人脸、语音、文字、道路标识等场景的模型训练所必需的数据集，我们日常使用的人脸检测、语音对话等技术应用场景都离不开其背后的数据集。

人工智能数据标注方法是人工智能模型训练的基础，没有标注好的数据集，就不可能实现对机器的训练。这是机器学习的重要一步。未来随着深度学习的发展，人工智能也会变得越来越聪明，学习能力会大幅得到提升。

大胆想一想

同学们，大家可以想一想，自动驾驶的原理是什么？为什么车辆在有画线的区域能自动识别道路呢？未来，是否可能有更好的办法，能节约大量的人力，让我们标注的训练机器用的样本集越来越少，但准确率越来越高？

我学到了什么？

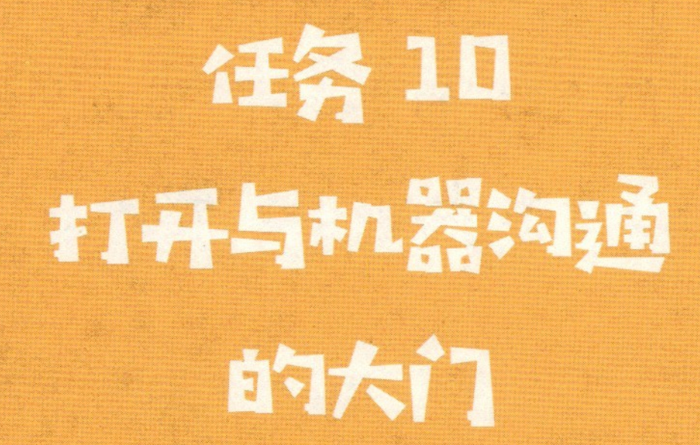

任务 10 打开与机器沟通的大门

小孚小孚，你知道计算机是怎么理解我们人类的想法，帮助人类解决问题的吗？

你真是一个好学的孩子！为了让计算机解决某个问题，人类需要使用计算机语言编写程序代码，并得到最终结果。这种人和计算机交流的过程也叫作编程！

编程？这么深奥！那一定很难吧！上大学的大哥哥大姐姐才能学会吧……

那不一定，对于初学者来说，可以从图形化编程开始学习哦！快来让我们一起揭开编程的奥秘吧！

仔细看一看

大家看看我们周围的世界，小到一个 PPT 软件、一款游戏，大到一个购物网站，可都是编程的产物。夏天吹空调时也需要程序自动控制房间的温度。通过编程可以使机器拥有人类的智能，使 AlphaGo 能在围棋上战胜人类冠军。

无人驾驶汽车、无人机、无人超市等智能机器和系统都离不开编程。

编程的本质就是为了让计算机能够理解人类的意图，通过代码给计算机下达指令，使其一步一步去工作，完成某种特定的任务。这种人与计算机体系之间的交流过程就是编程。

如果更准确地说，程序 = 算法 + 数据结构 + 程序设计方法 + 语言。

怎么理解呢？我们举一个例子：给你一个林园，让你种树，你需要些什么？

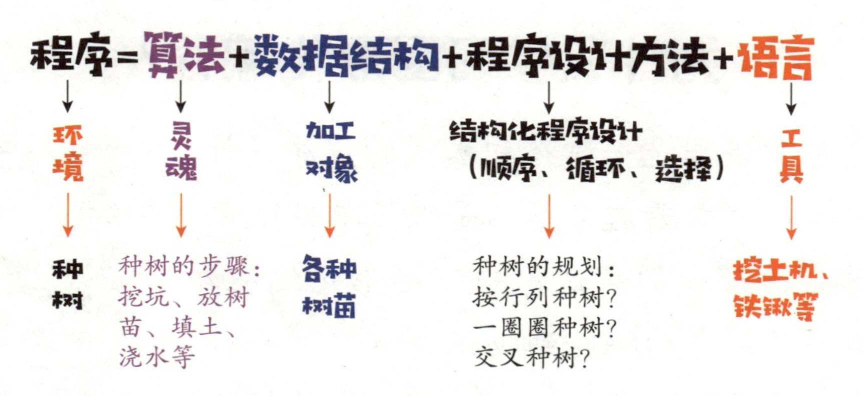

首先，我们得选定种树的步骤，即挖坑、放树苗、填土、浇水等，相当于程序中的算法，这是灵魂。其次，种树要有对象，也就是各种树苗，这相当于程序中的数据结构。再次，种树要有规划，是按行列种树呢？还是一圈圈种树？又或者交叉种树呢？这相当于结构化程序设计，选定顺序、循环、选择程序设计方法。最后，还要选择种树的工具，我们可以用挖土机、铁锹等，这也就是程序中的编程语言。

工具的选择多种多样，没有大型的挖土机，我们用铁锹一样可以植树。编程也一样，我们不会 C++、Python 等语言，我们只是初学者，怎么办？

我们照样可以选择图形化编程来学习人工智能的知识。图形化编程也是一种编程语言、编程工具，它最大的特点就是简单、易懂、可拓展！

为什么学习图形化编程?

图形化编程是一种搭积木式的程序设计，像拼积木一样。看起来是不是很简单呢!

首先，让我们来认识一下图形化编程界面。单击项目自动跳转到腾讯扣叮编程平台，图形化编程界面由积木类别区、积木选择区、积木编辑区、预览区、已选素材区及工具栏等几部分组成。

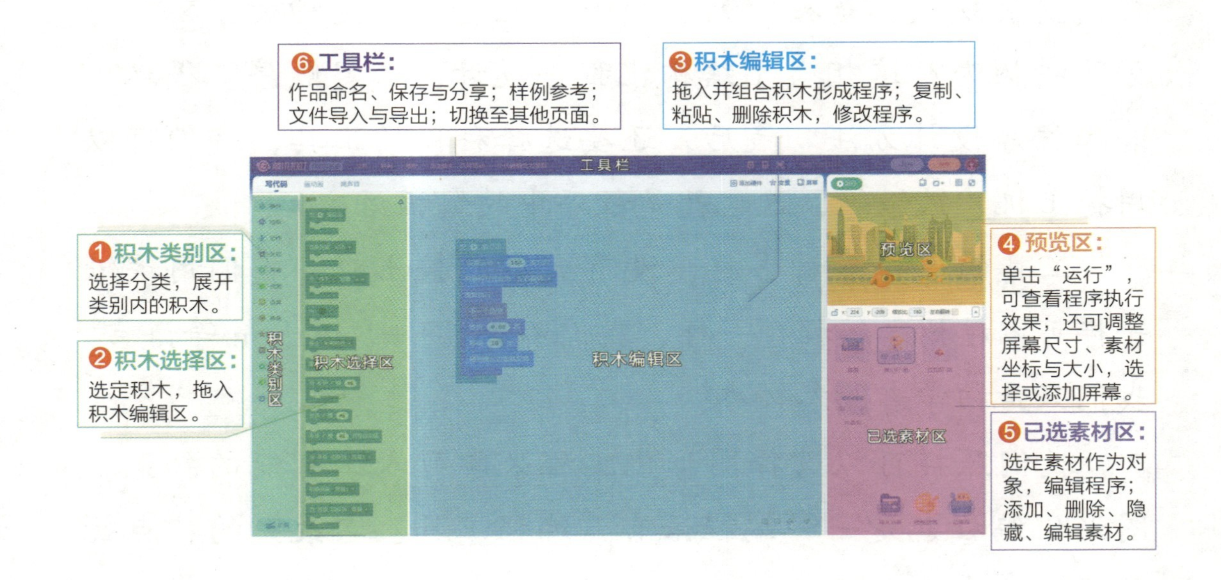

图形化编程最重要的部分是积木。不同的积木代表不同的命令，若根据积木的功能分类，积木种类会非常多。尽管如此，它还是有规律可循的。按照外观，积木可分为堆叠积木、嵌套积木、参数积木和事件积木四类。

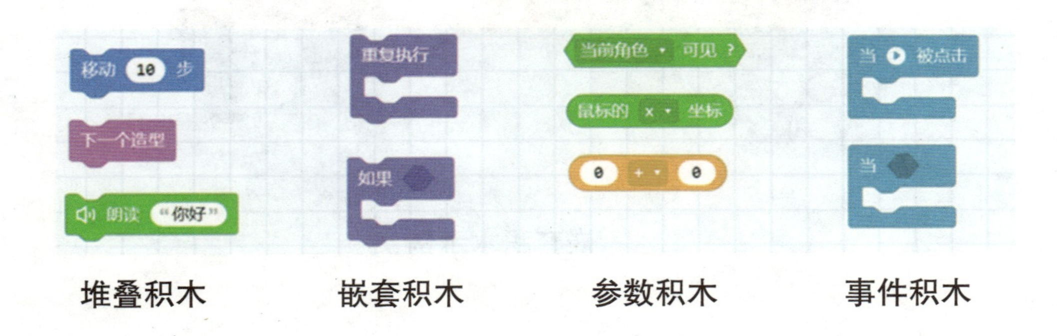

堆叠积木　　嵌套积木　　参数积木　　事件积木

1）堆叠积木通过上下堆叠形成代码块，完成命令。

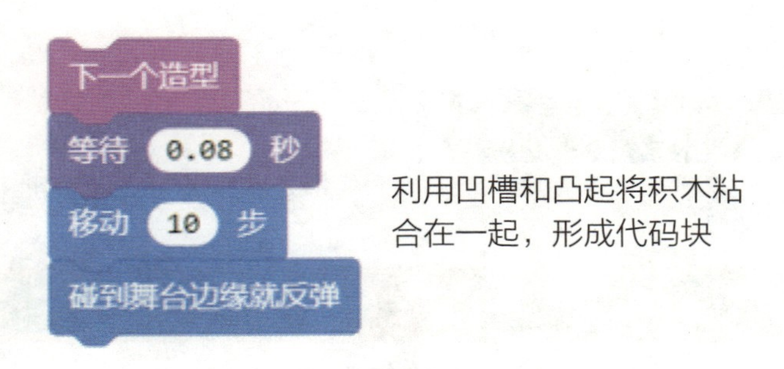

堆叠积木示例

2）嵌套积木内部可以嵌套堆叠积木和参数积木，它们之间还能互相嵌套。

嵌套积木示例

3）参数积木无法独立使用，必须放入其他积木内 。另外，参数积木需要与其他积木的参数插槽形状一致，才能正确拼接。

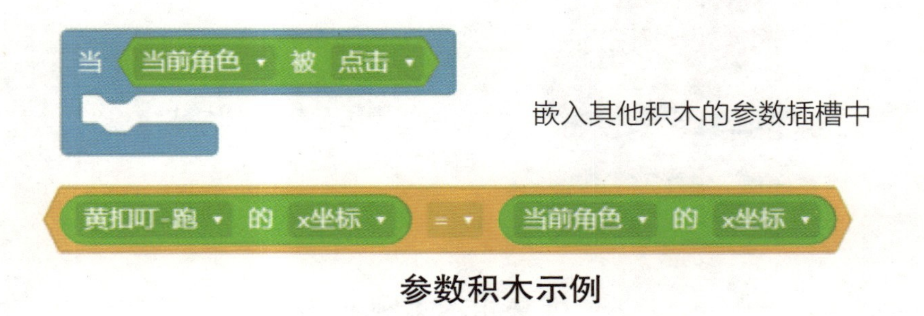

参数积木示例

4）事件积木作为脚本的启动积木，位于代码块的最外层。把事件与处理事件的代码堆接起来形成启动代码块，当事件发生时，执行内部代码块。

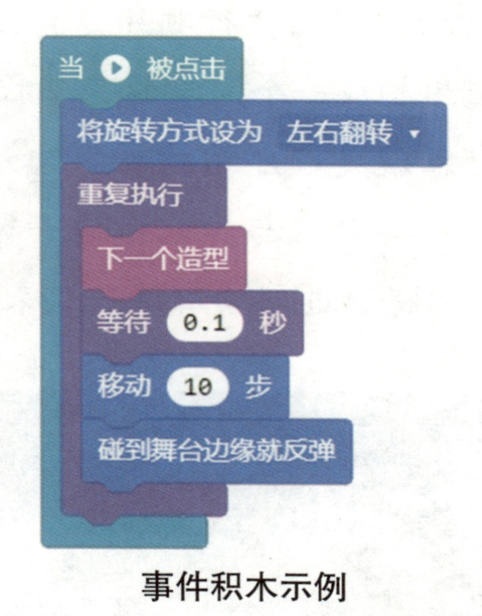

事件积木示例

动手做一做

项目 7　顺序结构——跟我一起读唐诗

在这个项目中，你将通过图形化编程工具了解积木运行的基本规则，学习顺序结构。顺序结构是最简单也最常用的程序设计结构，它的执行顺序是自上而下依次执行。顺序结构可以独立使用构成一个简单的完整程序，我们常见的输入、计算、输出三部曲就是顺序结构。不过大多数情况下顺序结构都是作为程序的一部分，与其他结构一起构成一个更为复杂的程序。接下来我们将通过朗读唐诗一起来学习什么是顺序结构。

步骤 1 登录艾智讯·启智平台，单击导航栏的“AI 实验室”按钮，进入 AI 实验项目模块，找到“跟我一起读唐诗”实验项目，单击进入项目详情页，单击“开始实训”，进入腾讯扣叮编程平台操作界面。

步骤 2 单击“文件”下的“新建”新建空白项目，并确定需要使用的主要程序模块和流程图。

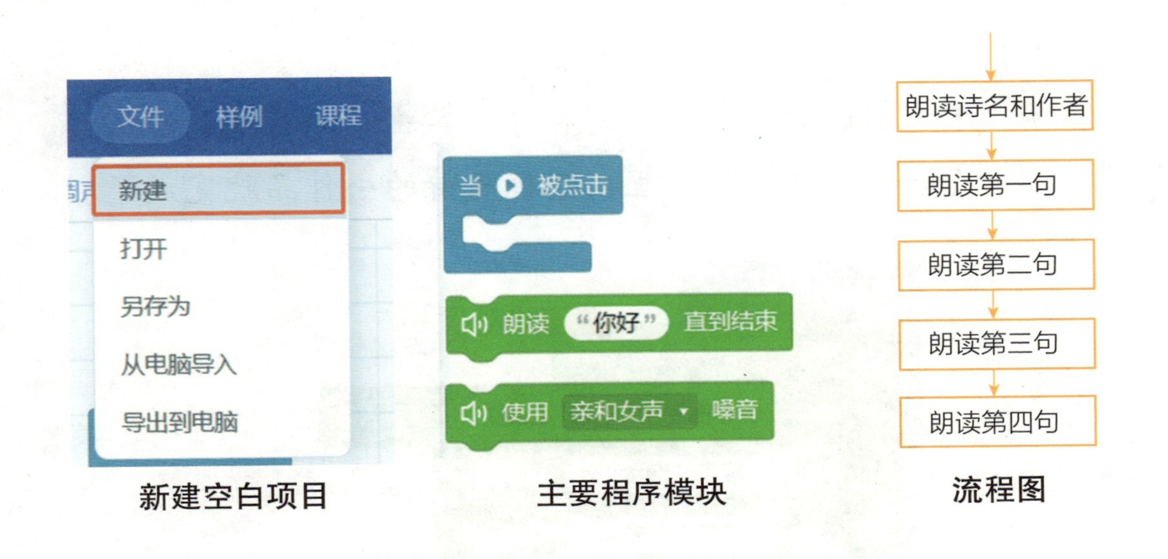

新建空白项目　　主要程序模块　　流程图

步骤 3 添加所需角色素材。这里添加一张诗词主题相关背景和一个朗读者角色素材。

步骤 4 选中朗读者角色，编写程序。单击“运行”，单击角色验证效果。到这里，朗诵唐诗的小作品就完成了。

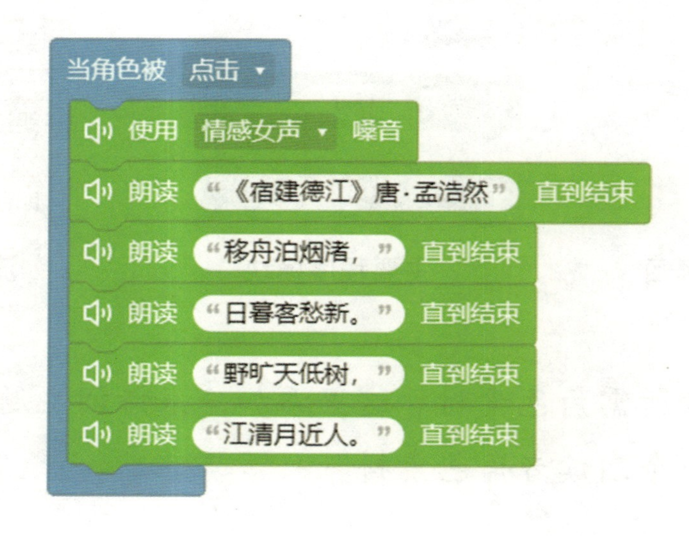

动手做一做

项目8　循环结构1——地球与太阳

在这个项目中，你将通过图形化编程工具了解积木运行的基本规则，学习循环结构，模拟实现太阳的自转、地球的自转与公转运动。

通过这个项目你可以了解太阳和地球的运动规律，学习恒星和行星的区别，以及四季和白昼、黑夜的产生原因。

让我们一起先来了解太阳系的天体运动。太阳系是一个以太阳为中心，受太阳引力约束在一起的天体系统，包括太阳、行星、矮行星、小行星、彗星和行星际物质。恒星会自己发光，行星自身不发光，但可以反射恒星的亮光。太阳是位于太阳系中心的恒星，围绕自己的轴心自西向东自转。地球是太阳系由内及外的第三颗行星，自西向东自转，同时围绕太阳公转。地球绕太阳公转产生了四季，地球自转形成昼夜交替。

步骤 1 登录艾智讯·启智平台，单击导航栏的“AI 实验室”按钮，进入 AI 实验项目模块，找到“地球与太阳”实验项目，单击进入项目详情页，单击“开始实训”，进入腾讯扣叮编程平台操作界面。

步骤 2 确定需要使用的主要程序模块以及流程图。

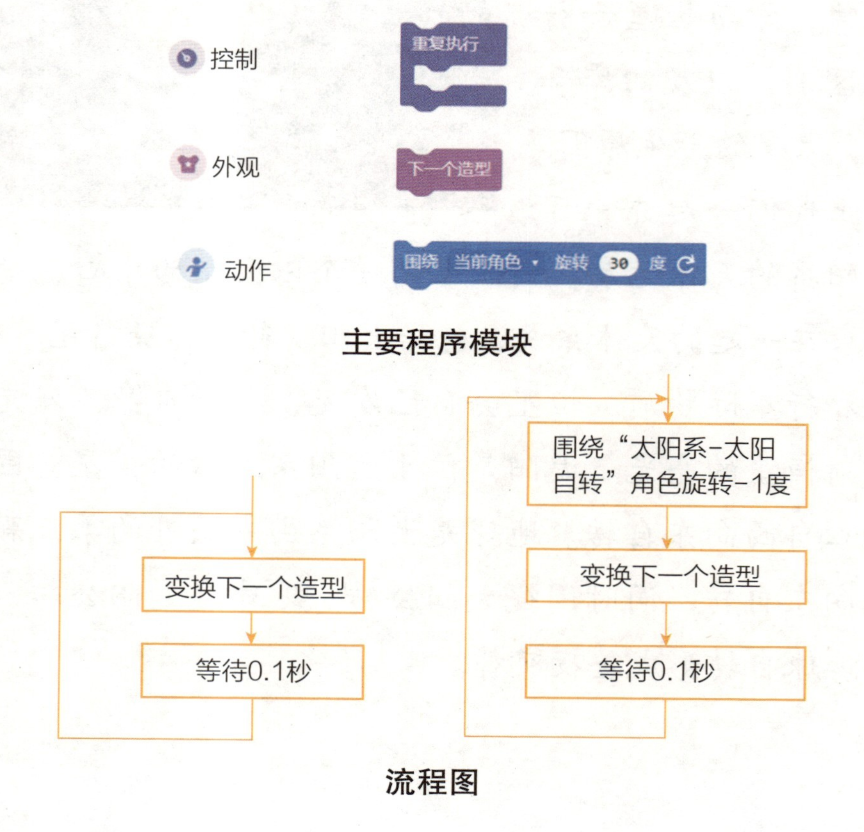

主要程序模块

流程图

步骤 3 添加背景、太阳、地球素材，在已选素材区分别选中“太阳系－太阳自转”“太阳系－地球自转”素材，进行程序编写。

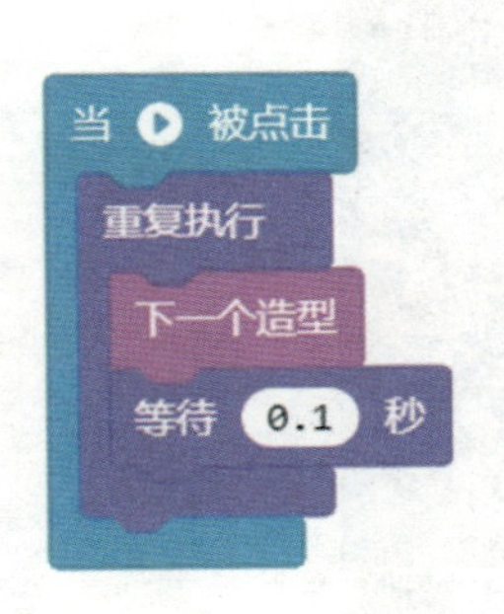

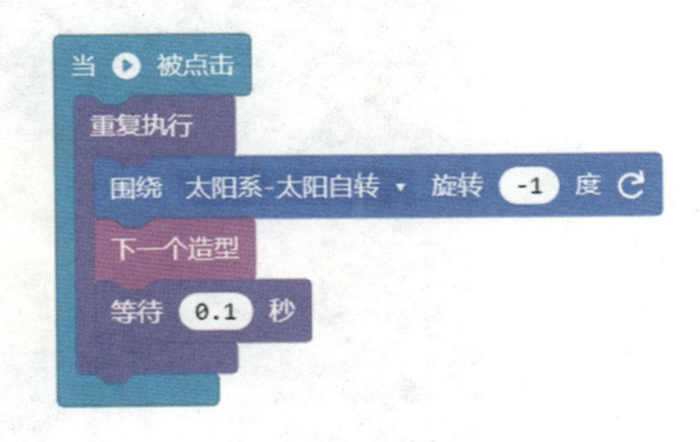

提示 围绕 太阳系-太阳自转 旋转 -1 度 积木中的参数 −1，表示逆时针旋转角度，参数的绝对值越大，旋转速度越快。

步骤 4 到这里，关于自转和公转的动画作品就完成啦。单击预览区 ▶运行 按钮，看看效果吧。

项目 9　选择结构——看图识物小能手

动手做一做

在这个项目中，你将通过图形化编程工具了解 AI 识物的过程，学习选择结构及图像识别的原理。你需要准备一件你喜欢的物品进行拍照识别，这里以一支笔为例。如果识别最近似结果是笔，则说出你和笔的故事；如果识别结果包含笔，但又不是最近似结果，则说一说带笔的成语；否则，说出笔的 9 种用途。

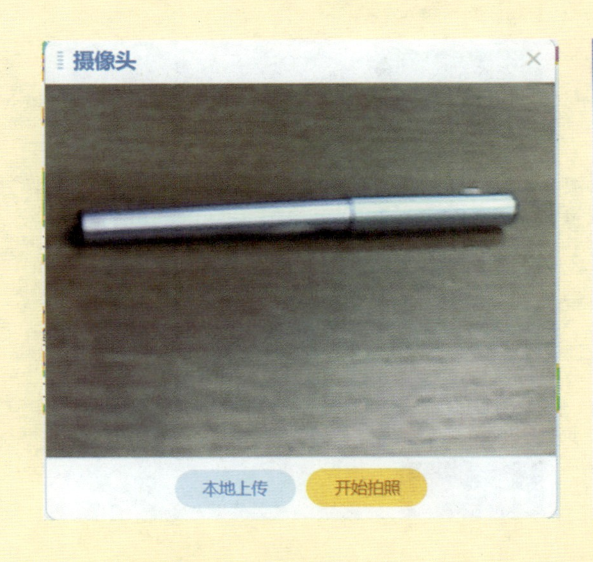

步骤 1 登录艾智讯·启智平台，单击导航栏的“AI 实验室”按钮，进入 AI 实验项目模块，找到“看图识物小能手”实验项目，单击进入项目详情页，单击“开始实训”，进入腾讯扣叮编程平台操作界面。

步骤 2 确定需要使用的主要程序模块及流程图。

主要程序模块

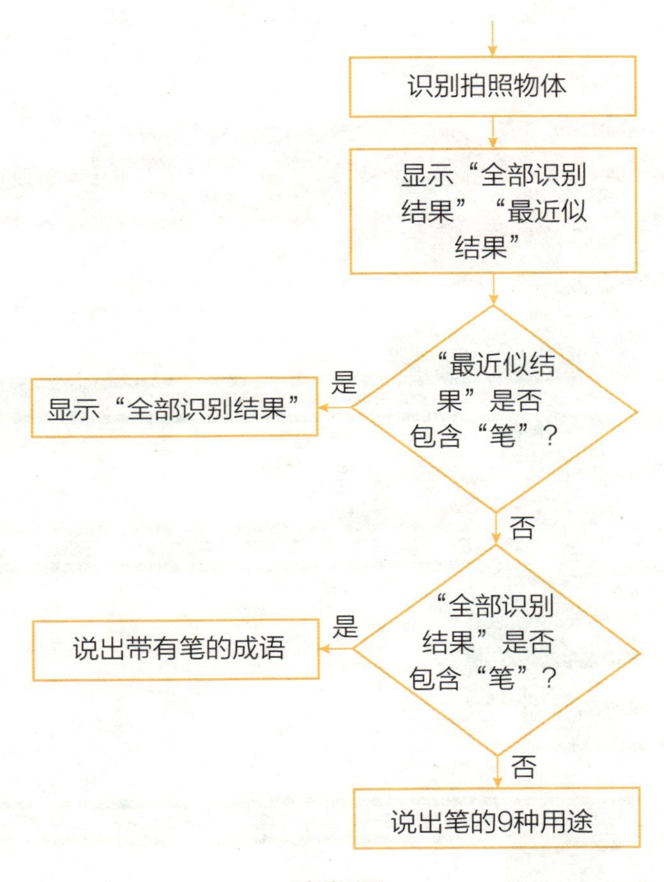

流程图

步骤3 添加背景、角色素材，在已选素材区分别选中角色素材，进行程序编写（注意：朗读积木中“……”需要补充具体内容哦）。

```
当 ▶ 被点击
识别 拍照 图像
设置文本 字体 楷体 ▾ 、颜色 ● 、大小 60 默认 ▾ 、对齐 居中 ▾
显示文本 把 "全部识别结果：" 全部识别结果 放在一起 ，次序 默认 ▾ ，坐标 x 0 y -200
如果 最近似结果 名称 ▾ 包含 ▾ "笔"
    朗读 " " 直到结束
    朗读 最近似结果 名称 ▾ 直到结束
    朗读 "你真厉害，认为它最像笔！让我来介绍下我和这支笔的故事吧！……" 直到结束
    朗读 "你好" 直到结束
否则如果 全部识别结果 包含 ▾ "笔" ⊖
    朗读 "你真不错，认为这可能是一支笔。那我们来说一说带有笔的成语吧！你能说出几个呢！" 直到结束
    朗读 "妙笔生花" 直到结束
    朗读 "神来之笔" 直到结束
    朗读 "一笔勾销" 直到结束
    朗读 "……" 直到结束
否则 ⊖
    朗读 "你没有认出这支笔，那是因为这是一支很特殊的笔！让我来说说笔的九种用途吧！" 直到结束
    朗读 "写字" 直到结束
    朗读 "画画" 直到结束
    朗读 "做标记" 直到结束
    朗读 "量长度" 直到结束
    朗读 "玩具" 直到结束
    朗读 "……" 直到结束
⊕
```

步骤 4 到这里，关于看图识物的作品就完成啦。单击预览区 运行 按钮，看看效果吧（预览区显示运行结果，同时播放带“笔”的成语）。

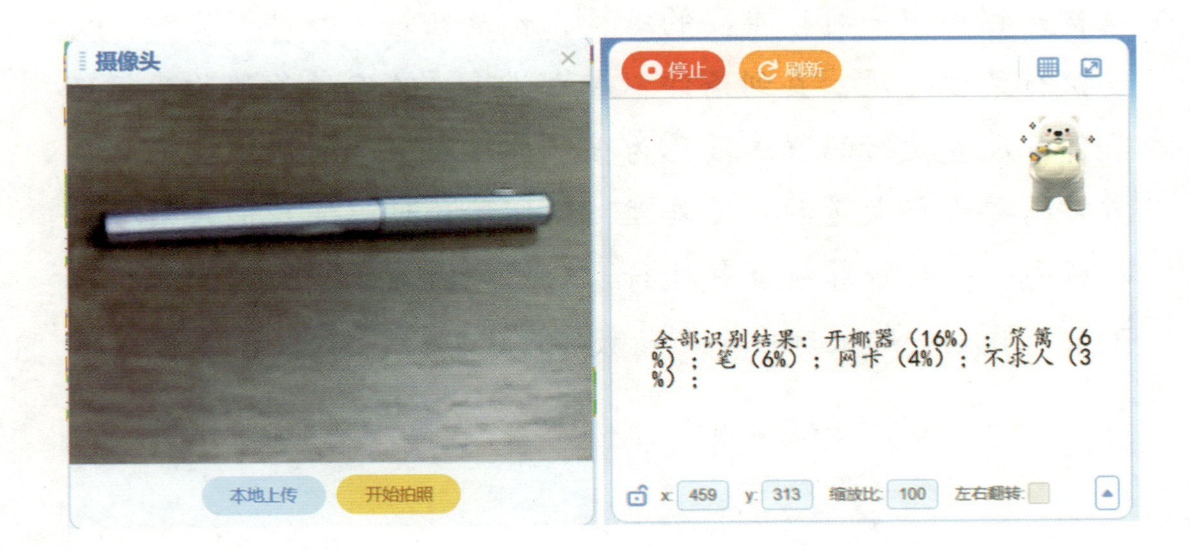

动手做一做

项目 10　循环结构 2——猜数字

在这个项目中，你将通过图形化编程工具了解输入输出、控制、变量、运算类积木，重点学习循环结构。循环结构是程序中一种很重要的结构，就是在给定条件成立时，反复执行某程序段，直到条件不成立为止。给定的条件称为循环条件，反复执行的程序段称为循环体。在实际问题中，计算机常常需要进行大量的反复处理，循环结构可以使我们只写很少的语句，而让计算机反复执行，从而完成大量相似的计算。接下来，我们一起来玩一个“猜数字”游戏。

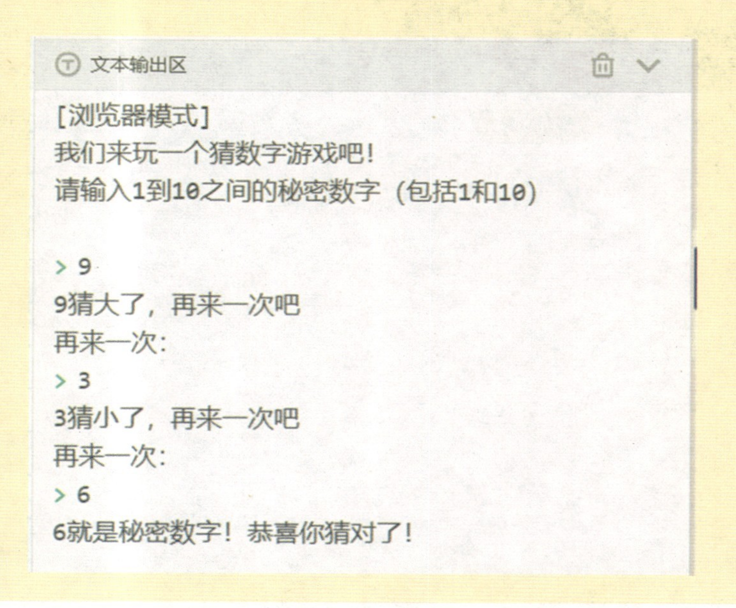

步骤 1 登录艾智讯·启智平台，单击导航栏的“AI 实验室”按钮，进入 AI 实验项目模块，找到“猜数字”实验项目，单击进入项目详情页，单击“开始实训”，进入腾讯扣叮编程平台操作界面。

步骤 2 单击选择“浏览器模式”，确定需要使用的主要程序模块和流程图。

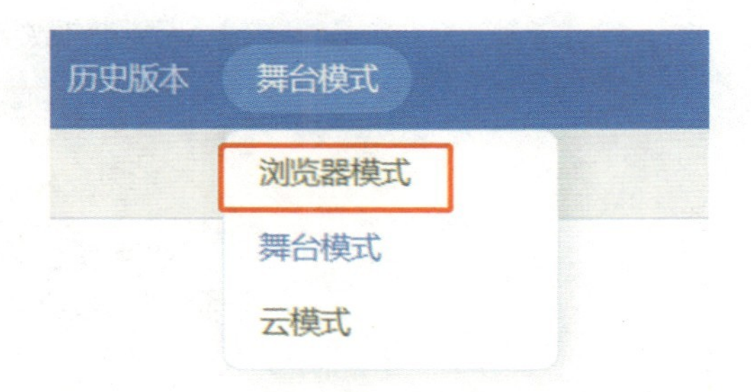

选择模式

主要程序模块

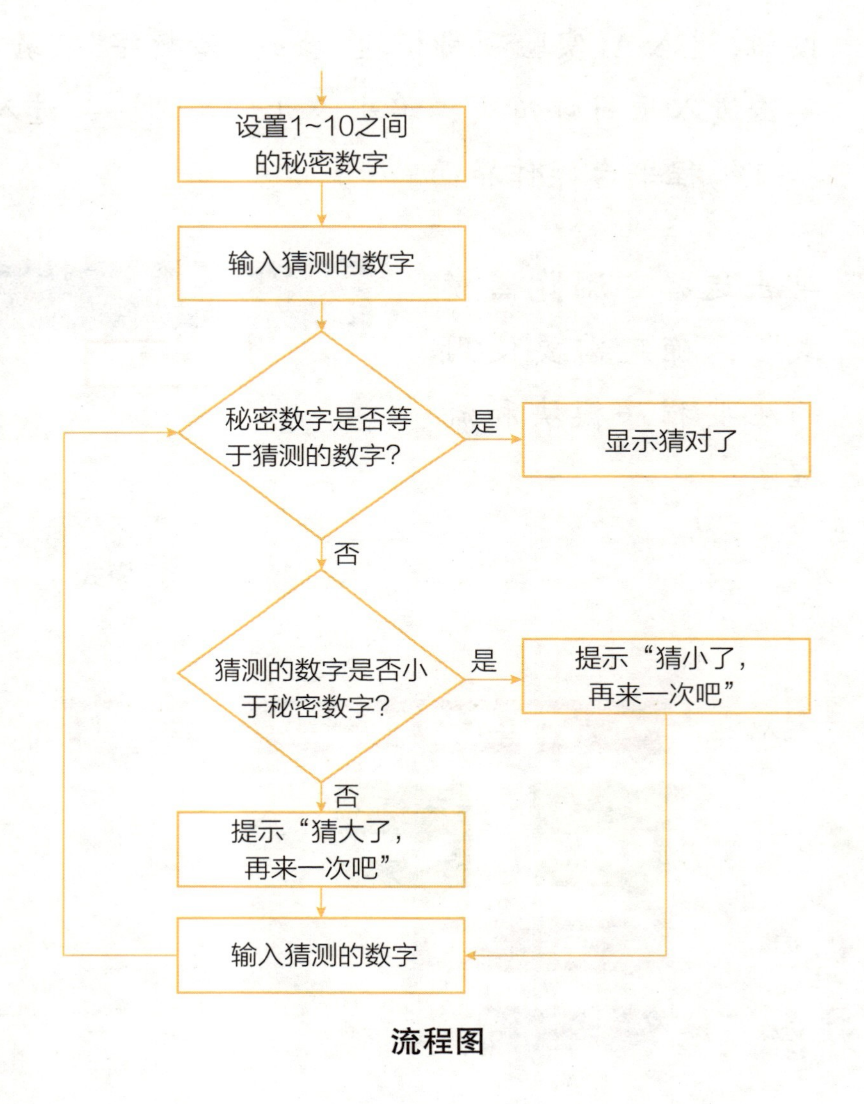
设置1~10之间
的秘密数字
输入猜测的数字
秘密数字是否等
于猜测的数字?
是
显示猜对了
否
猜测的数字是否小
于秘密数字?
是
提示“猜小了，
再来一次吧”
否
提示“猜大了，
再来一次吧”
输入猜测的数字

流程图

步骤3 根据流程图编写程序。单击“运行”，根据提示信息输入数字，验证效果。

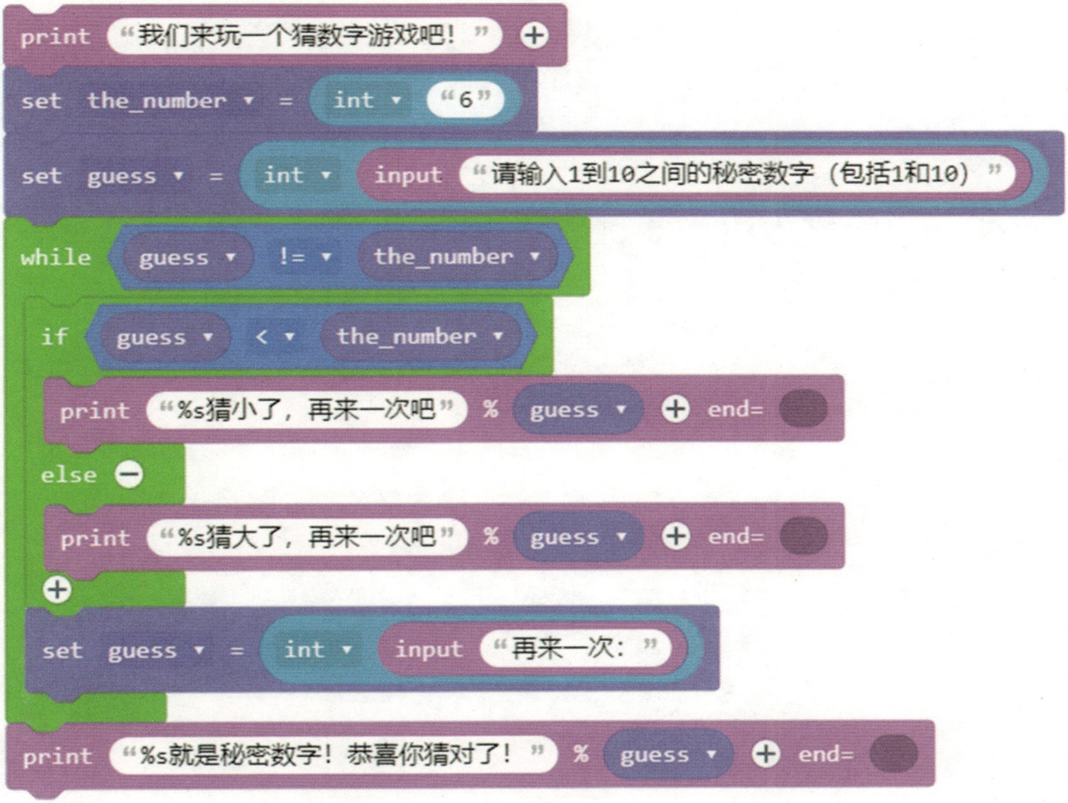

```
print “我们来玩一个猜数字游戏吧！”
set the_number = int “6”
set guess = int input “请输入1到10之间的秘密数字（包括1和10）”
while guess != the_number
    if guess < the_number
        print “%s猜小了，再来一次吧” % guess end=
    else
        print “%s猜大了，再来一次吧” % guess end=
    set guess = int input “再来一次：”
print “%s就是秘密数字！恭喜你猜对了！” % guess end=
```

编写程序

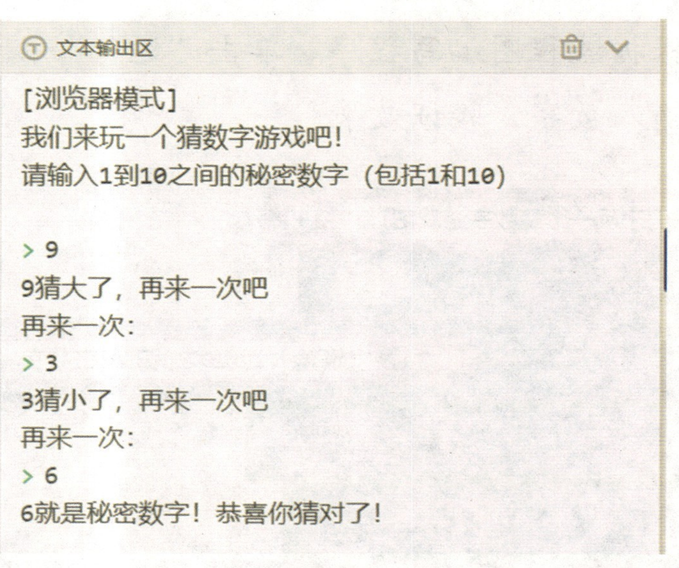
文本输出区
[浏览器模式]
我们来玩一个猜数字游戏吧！
请输入1到10之间的秘密数字（包括1和10）
> 9
9猜大了，再来一次吧
再来一次：
> 3
3猜小了，再来一次吧
再来一次：
> 6
6就是秘密数字！恭喜你猜对了！
运行结果

你已经通过拖拽积木让计算机按照指令完成任务，通过以上实验项目操作重点了解顺序、选择、循环结构的程序，并通过图像识别模型完成AI对物体的识别，了解识别精准度的不同，知道AI算法模型的提升需要不断地进行训练。

这项技术是如何使用的？

图形化编程非常适合启蒙，其简单易懂，可降低初学者学习门槛，使初学者循序渐进地一层一层突破学习难关，通过潜移默化形成编程思维和逻辑思维，最终掌握独立编写代码的能力。

计算机程序就像给计算机写的“作文”，让它对人类的想法一目了然，而这种通过各种类型的“文字”编写作文的过程就是编程，也是实现人工智能的基础方法之一。但我们一定要理解，青少年学习编程决不是为了培养程序员，而是为了培养他们的“计算思维”，也就是分析问题、逻辑思考、解决问题的综合能力。

大胆想一想

同学们可以大胆设想，还可以用图形化编程实现什么呢？可以将你的想法通过思维导图和流程图绘制出来，并想办法一步一步实现它吧！

我学到了什么？

任务 11
AI 与地球家园

小乎小乎，你知道垃圾分类吗？当我扔垃圾时，脑袋里反复出现的就是“这是什么垃圾”。

你是不是在想，要是有个智能小帮手，该多省事啊！的确，我们AI家族可是地球环保的大力支持者哦。

仔细看一看

当前，中国载人航天已全面迈入空间站时代，当从太空遥望，那美丽的蓝色星球便是我们唯一的家园——地球。

地球如此美好，却也如此脆弱。从太空中看到的每日奇观时常会带着令人惋惜的疤痕。人类活动对地球造成的伤害随处可见，在照片中总是能看到滥伐森林、冰川减退、大气和海洋污染等本不应出现的场景……

——《遥望地球》［法］托马·佩斯凯（Thomas Pesquet）

我们为什么要保护地球?

“如果地球生病了，我们还会健康吗？”

环境污染、过度开采、生态破坏……

地球一步步地给人类敲响警钟，在大自然面前，一切都显得异常渺小。

地球会因为我们自己的破坏，变成一个“流浪地球”吗？

“绿水青山就是金山银山”。如今，环境保护已成为全球议题，人工智能也实实在在地助力着环境保护。

在环境保护中，分类是一个非常重要的项目。尤其是垃圾分类，需要耗费大量的人力物力，而垃圾分拣机器人正好派上用场。通过人工智能的图像识别技术，机器应用目标检测算法、分类算法等，识别不同垃圾的颜色、轮廓、形状。

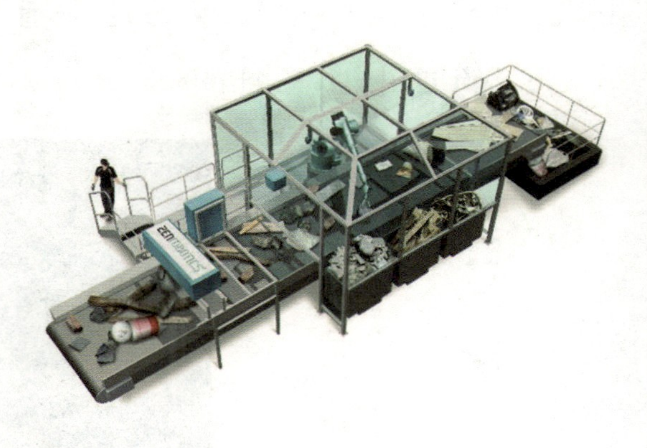

当然，这又回到垃圾的分类和识别问题，我国的垃圾分类尤其是厨余垃圾，与国外有很大不同。因此，这需要我们不断去建立更多的案例库和数据集，按我们的垃圾分类不断地去训练机器。只有我们建立得越多、训练得越多，人工智能才能变得更“聪明”、更“智能”。

接下来，我们一起来进一步了解地球、保护地球吧！

项目11　昼夜长短的秘密——换个角度看地球

在这个项目中，你将通过图形化编程以选定的城市为中心点，拍摄一张从太空遥望的地球全景图，并获取该城市到南北半球同纬度城市的地面直线距离和经纬度坐标，以及这些城市的日出日落时间。

通过这个项目，你可以想一想，日出时间和什么条件有关？是不是与城市的经纬度有关？当太阳直射北半球的时候，位置越北，白昼越长，日出时间越早，日落时间越晚。也就是说，当北半球城市的纬度越高，日出越早，日落越晚；当南半球城市的纬度越高，日出越晚，日落越早。当太阳直射南半球时则刚好相反。

步骤1 登录艾智讯·启智平台，单击导航栏的“AI 实验室”按钮，进入 AI 实验项目模块，找到“换个角度看地球”实验项目，单击进入项目详情页，单击“开始实训”，进入腾讯扣叮编程平台操作界面。

步骤2 确定需要使用的主要程序模块及流程图。

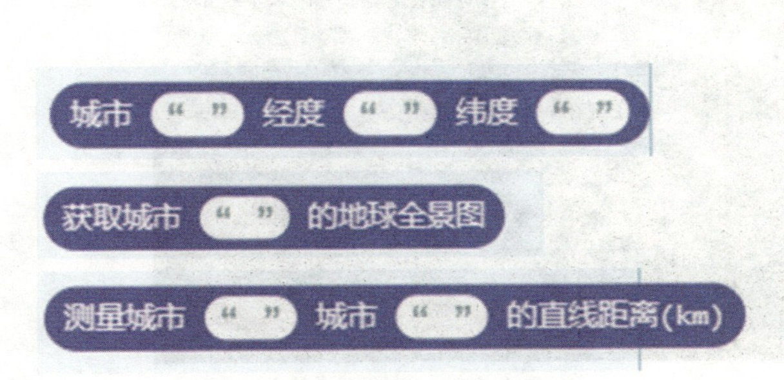

主要程序模块

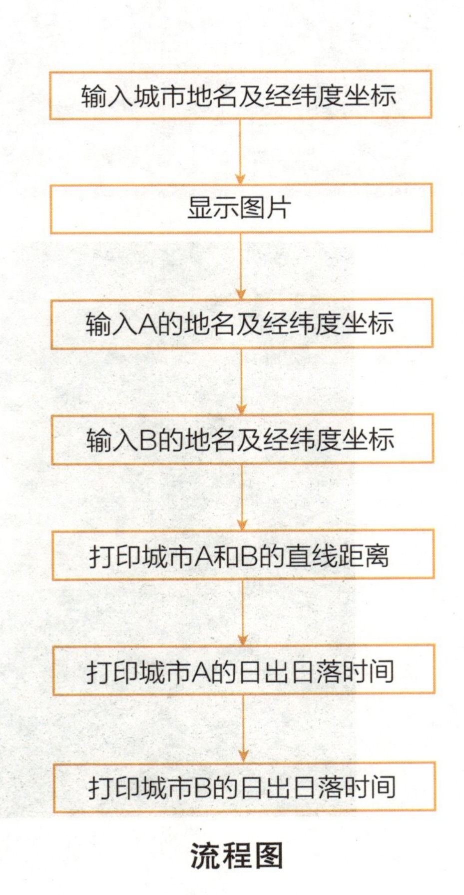

流程图

步骤3 按照流程图拖拽相应积木，单击“运行”，观察实验结果。先选择在北半球与北京同纬度的城市新疆库尔勒，积木及输出结果如下：

```
显示图片 获取城市 城市 “北京” 经度 “119” 纬度 “39” 的地球全景图
打印 测量城市 获取城市 城市 “北京” 经度 “119” 纬度 “39” 的地球全景图 城市 城市 “新疆库尔勒” 经度 “86” 纬度 “41” 的直线距离(km)
打印 获取城市 城市 “北京” 经度 “119” 纬度 “39” 当日的日出时间
打印 获取城市 城市 “北京” 经度 “119” 纬度 “39” 当日的日落时间
打印 获取城市 城市 “新疆库尔勒” 经度 “86” 纬度 “41” 当日的日出时间
打印 获取城市 城市 “新疆库尔勒” 经度 “86” 纬度 “41” 当日的日落时间
```

以北京市为中心的地球全景图

结果输出区

北京到新疆库尔勒的直线距离为3561km
北京（东经119北纬39）2021年09月18日出时间是05:59
北京（东经119北纬39）2021年09月18日落时间是18:20
新疆库尔勒（东经86北纬41）2021年09月18日出时间是07:59
新疆库尔勒（东经86北纬41）2021年09月18日落时间是20:20

按照同样的方法，选择南半球的城市墨尔本，得到以下结果：

结果输出区 

北京到墨尔本的直线距离为11000km
北京（东经119北纬39）2021年09月18日出时间是05:59
北京（东经119北纬39）2021年09月18日落时间是18:20
墨尔本（南纬37东经144）2021年09月18日出时间是04:08
墨尔本（南纬37东经144）2021年09月18日落时间是16:27

项目 12　爱护环境从垃圾分类开始——这是哪一种垃圾？

在这个项目中，你将通过图形化编程学习特定项目的数据采集、模型构建、分类模型训练和模型验证的整个运行流程。通过 AI 垃圾分类识别的原理，模拟实现垃圾分类的智能识别。

要顺利完成本实训项目，我们首先要对垃圾分类有一个清楚的了解。按照垃圾的资源利用价值可分为厨余垃圾、有害垃圾、可回收垃圾和其他垃圾。

同时你需要提前准备想识别的垃圾，有害垃圾有电池等，可回收垃圾有旧书籍、空瓶子等，通过视频录制形式进行数据采集。

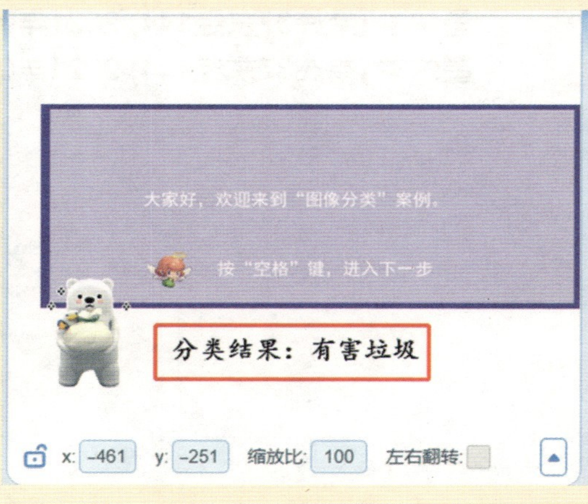

步骤1 登录艾智讯·启智平台，单击导航栏的“AI实验室”按钮，进入AI实验项目模块，找到“垃圾分类小能手”实验项目，单击进入项目详情页，单击“开始实训”，进入腾讯扣叮编程平台操作界面。

步骤2 确定需要使用的主要程序模块及流程图。

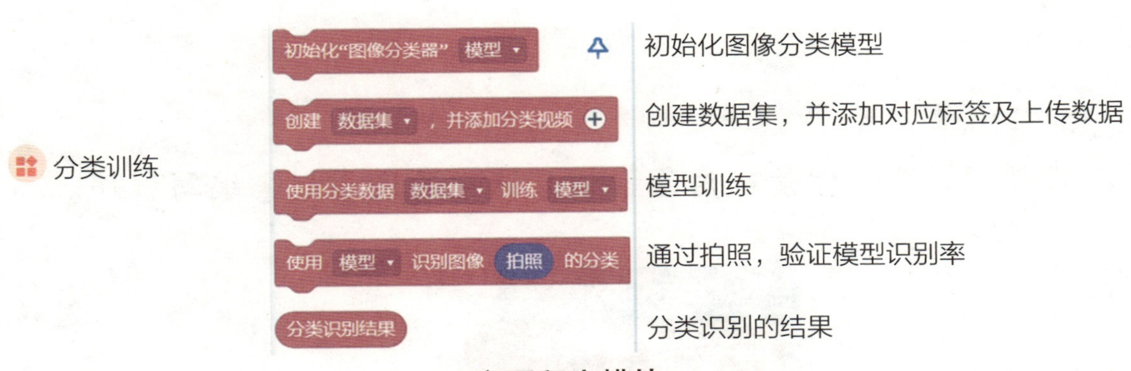

主要程序模块

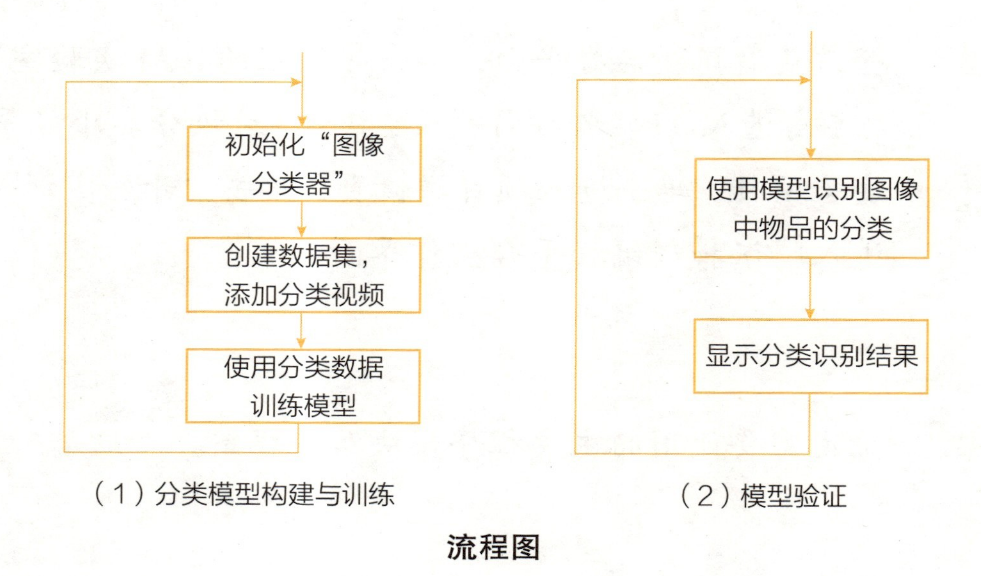

（1）分类模型构建与训练　　（2）模型验证

流程图

步骤 3　添加背景、角色素材，选中角色素材，编写程序。

```
当 按下 按键 t
  初始化“图像分类器” 模型
  创建 数据集 ，并添加分类视频
  使用分类数据 数据集 训练 模型
```

步骤 4 单击 创建 数据集，并添加分类视频 + 的“+”号，分别添加“有害垃圾”“可回收垃圾”标签，选择“有害垃圾”标签下拉列表，选择上传视频，录制视频上传。

其他垃圾
分类-0
厨余垃圾
可回收垃圾
有害垃圾
重命名分类...
上传视频

步骤 5 单击“运行”，按下 <T> 键，开始可视化模型训练。黄色的曲线代表图像的准确率，就是看预测的类别是否和真实的类别一致，曲线上升，代表准确率提升。蓝色曲线代表损失率，随着训练开始，损失曲线在逐步下降。

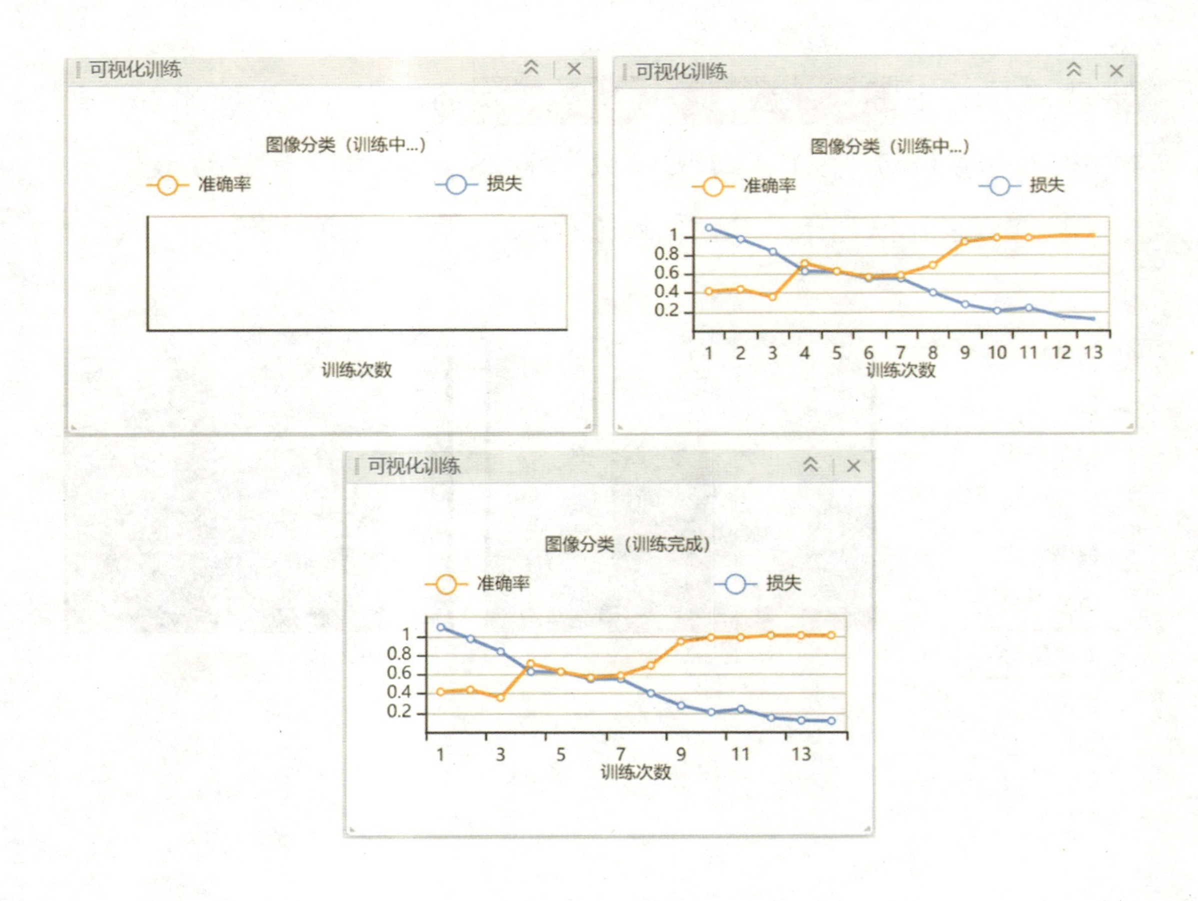

步骤 6 单击运行，按下 <P> 键，进行模型验证。也就是通过上传实物视频，验证模型的识别准确率。这样，垃圾分类识别小能手项目就完成了。

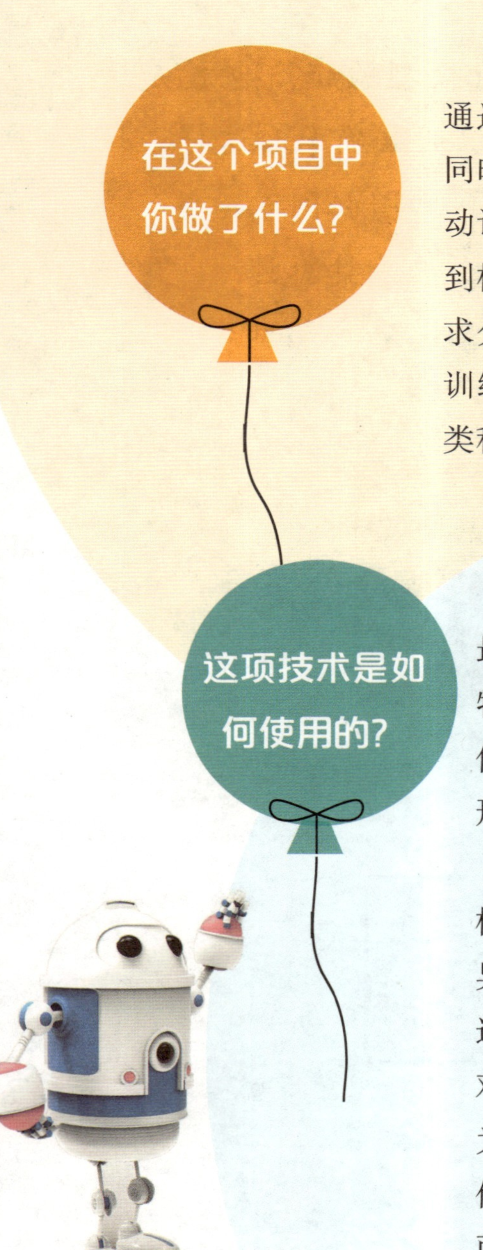

在这个项目中，你根据图像分类识别算法，通过图形化编程教会计算机识别这是哪种垃圾，同时通过学习垃圾分类标准，实现一款能够自动识别垃圾分类的程序；完整体验从数据采集到模型训练和验证的过程，包括从垃圾分类需求分析开始、程序需要的模块、图像分类模型训练、垃圾分类模型应用，以及最终的垃圾分类程序完成。

图像的分类识别，是人工智能技术最基础、最常见的一个应用，包括常见物体识别、细粒度物体识别、人脸识别等。在实际应用中，影响图像分类识别的因素有很多，最常见的就是光照、形变、尺度，还有就是遮挡、模糊等。

图像的分类识别，需要我们不断地去根据模型进行优化训练。同一类别的东西也会形态各异，导致很多模型，在换了一个数据集后，哪怕还是同样的类别，性能立马就会大打折扣。这个对于人类来说，会觉得不可思议，还是同样的狗，为什么换几张图，狗就不是狗了，而是猫或者其他什么匪夷所思的东西。所以说，模型在某些方面的“聪明”和“愚蠢”经常是同时存在的。

大胆想一想

同学们，你们在实际验证模型过程中，是否遇到了识别不准确的情况，例如由于我们拍摄的视频物体过小、有遮挡、特征不明显等因素，从而导致识别不准确。那么，应该怎么进行调整，提高稳定性呢？大家可以选择不同种类的物体，继续深化垃圾分类的模型训练。可以大胆想一想，如果你训练的垃圾有上千种后，可不可以动手做一个智能垃圾桶。

我学到了什么？

任务 12
AI 与生活之美

小孚小孚，你会画画吗？我很喜欢画画，用画笔记录下生活中的小美好……

小艾，我也很喜欢画画，我们 AI 家族还有很多设计师和艺术家呢，它们能创作出很美妙的作品。此外，我们也走进了千家万户，让人类的日常生活变得更加智慧……

仔细看一看

未来已来——让AI点亮智慧生活

近几年，智能家居已经走进人们的生活。语音控制系统作为智能家居的标配，能够实现不动手、不动脚，只要动动嘴就可以控制家里的电源开关和电器。“拉开窗帘”“打开空调”“我要睡觉了，请关灯”“播放一首歌”……一切就是这么简单便捷。

当我们控制的灯光可以无级变色时，机器又是如何调色的呢？

我们都知道，美丽缤纷的世界有着数不清的颜色，但是再漂亮的颜色也离不开三原色。几乎世界上所有的颜色都可由三原色调配出来，让我们一起来认识下这神奇的三原色吧。

什么是三原色？

三原色是指无法用任何颜色混合而成的颜色。红、黄、蓝是颜料中的三原色。除了三原色以外的其他颜色都可以利用三原色按不同比例两两混合或多样混合得到。

除了颜料三原色，生活中还有光学三原色的说法。红、绿、蓝是光学中的三原色。光学三原色混合后，组成显示屏显示

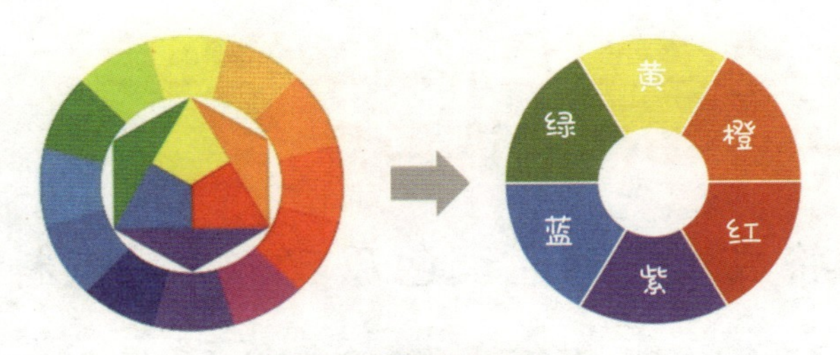

颜料三原色调色盘

光学三原色调色盘

的颜色。

它们的区别在于光学三原色是加色法，通过不同比例可以叠加出任意色光。如红光加绿光1:1叠加是黄光，红绿蓝1:1:1叠加就是白光。颜料三原色是减色法，通过从光线中吸收特定颜色光线而反射其他颜色光线来显示颜色。

不管是光学三原色模式（RGB模式），还是颜料三原色模式（CMYK模式），都是混合组成颜色的基本方式，本质上没有区别，只是产生颜色的方式不同。RGB模式在绘图软件、摄影摄像方面应用比较广泛，而CMYK模式则主要用于布料印染、印刷调色等领域。

三原色原理还可以用于染发的调色中。除此之外，如果三原色原理用得好，也能提升我们日常穿衣搭配的品位哦！

接下来，我们一起应用图形化编程积木和AI模方来做两个实验项目吧！

项目 13 霓虹灯色彩斑斓的秘密——神奇的调色盘

在这个项目中，我们将应用三原色调色原理，通过颜料三原色积木以及光学三原色积木搭配组合，调整基本颜色的混合比例来形成不同颜色（以紫色为例）。最后，通过 AI 模方的屏幕和灯带综合展现调色的效果。

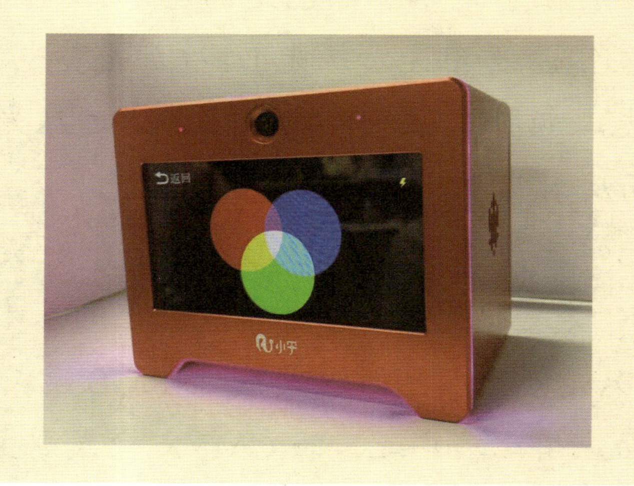

步骤 1 登录艾智讯·启智平台，单击导航栏的“AI 实验室”按钮，进入 AI 实验项目模块，找到“神奇的调色盘”实验项目，单击进入项目详情页，单击“开始实训”，进入腾讯扣叮编程平台操作界面。

步骤 2 确定需要使用的主要程序模块及流程图。

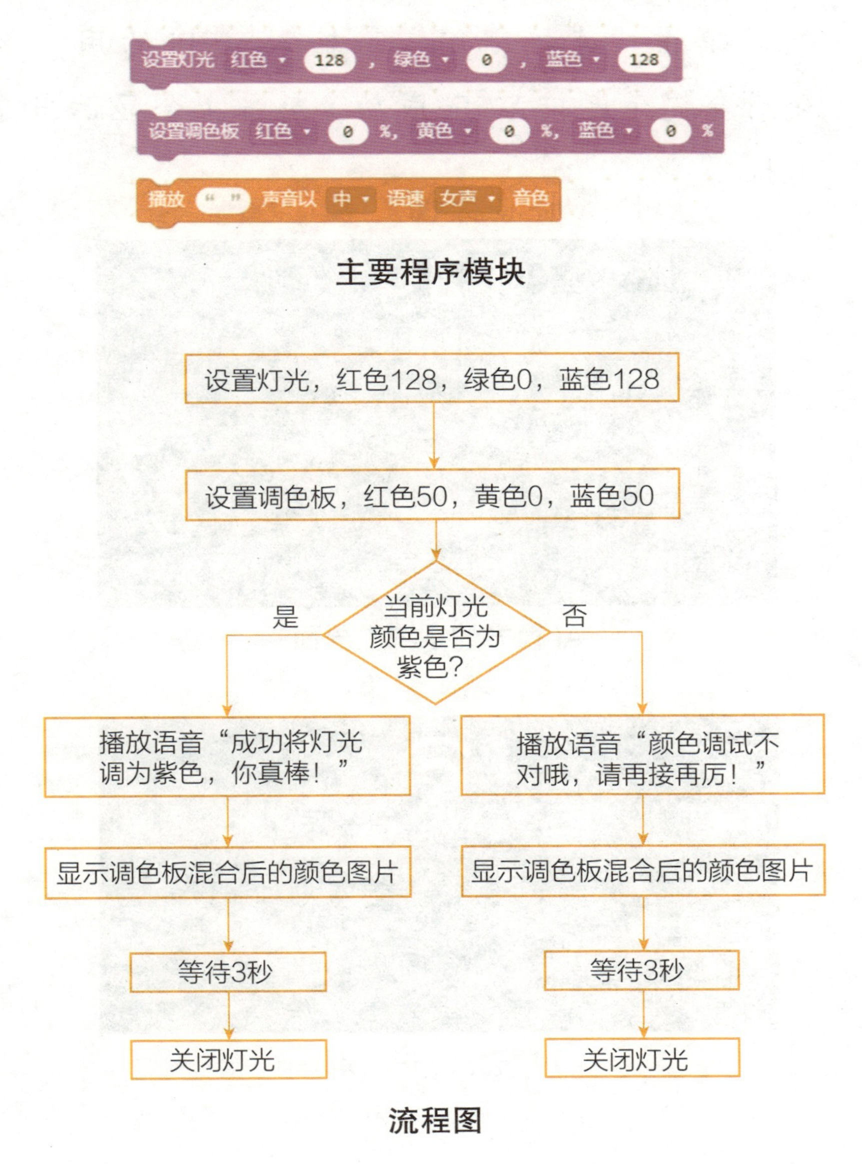

主要程序模块

流程图

步骤 3 打开 AI 模方，启动完成后单击主屏幕的“系统设置”，然后单击“连接 WiFi”，输入 WiFi 的用户名和密码后会提示连接 WiFi 成功，屏幕上会显示当前的 IP 地址。

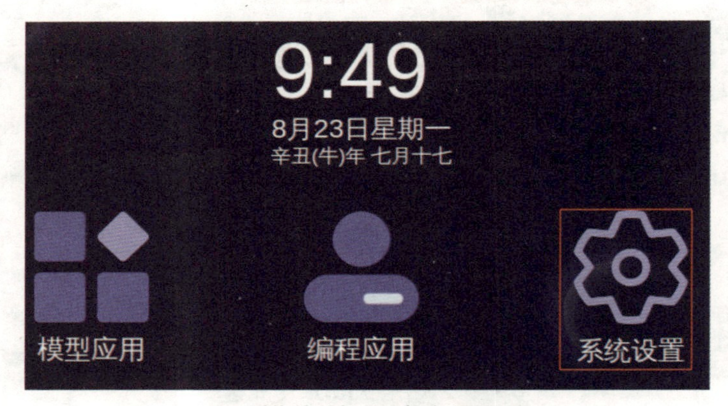

AI 模方的系统主界面

AI 模方的 IP 地址

步骤 4 在计算机上打开项目详情页，在其中的右侧输入框输入 AI 模方的 IP 地址，单击“连接设备”，连接成功后页面会自动返回到项目页面。

AI 模方与平台进行设备连接

步骤5 在左侧列表中单击“图形颜色”，选择“设置灯光积木”以及“设置调色板积木”，按照程序设计流程拖拽相应积木。

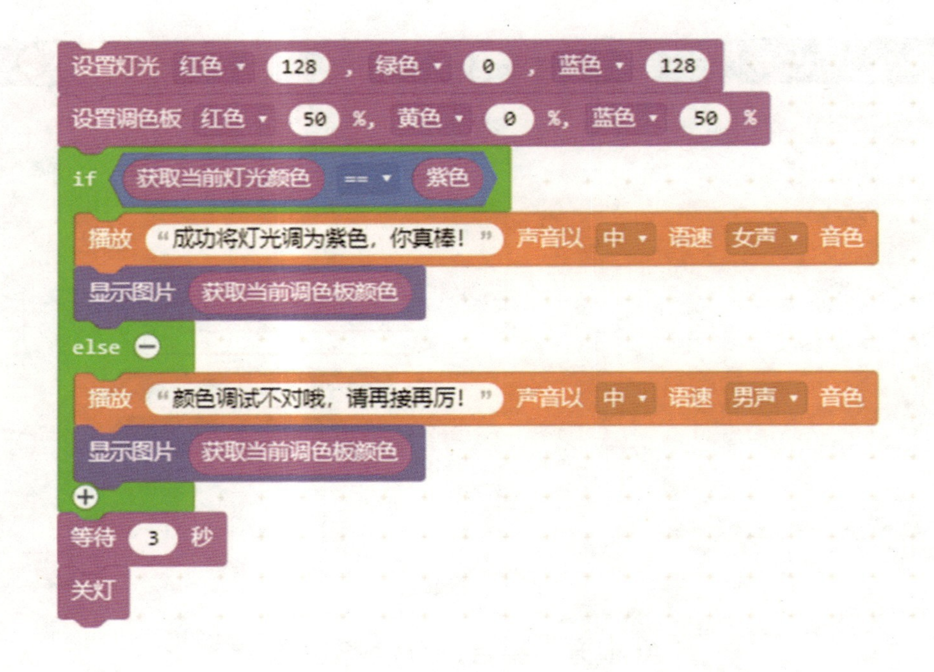

步骤 6 通过调试不同颜色以及比例，观察 AI 模方屏幕上显示的颜色画面以及灯光的颜色，最终得到紫色后会语音播放“成功将灯光调为紫色，你真棒！”

同学们可以按照上面的步骤，尝试进行更多的调色实验，调整不同的颜色比例会发现怎样的规律呢？

灯光	红（%）	绿（%）	蓝（%）	结果	调色盘	红（%）	黄（%）	蓝（%）	结果
1					1				
2					2				
3					3				
4					4				
5					5				
6					6				
7					7				
8					8				

同学们，在我们的生活中会遇到很多复杂的颜色，不是三原色或是它们两两组合直接形成的中间色，有的淡雅，有的浓烈，想想还添加了什么颜色？不同的场景、不同的主题需要有不同的颜色搭配和组合，如何搭配才能恰到好处，是一门艺术。设想一个活动场景，环境如何布置、衣着如何穿搭，做个主题色彩的小设计吧！

项目14　探秘智能家居语音控制
——智能语音小助手

在这个项目中，我们可了解智能家居语音控制的基本原理和应用。通过自然语言处理和深度学习技术，使机器能够理解人要表达的意思，继而控制硬件设备做出相应的响应。首先，通过平台创建机器问答模型。接下来，对模型进行训练和发布。最后，通过平台积木式的编程使机器理解我们的命令并让设备做出响应。

这个项目设置了4个控制功能——控制灯光、询问天气、播放音乐、趣味问答，同学们可以根据自己的兴趣选择一项或多项进行实验。

步骤 1 登录艾智讯·启智平台，单击导航栏的“AI 实验室”按钮，进入 AI 实验项目模块，找到“智能语音小助手”实验项目，单击进入项目详情页。

步骤 2 单击“开始实训”，首先进入到该项目的模型训练页面，训练语音控制模型。

- 先选择控制功能（如“控制灯光”），再“添加指令标签”（如“打开红灯”“关闭红灯”“打开绿灯”“关闭绿灯”）。
- 单击“添加样例”输入相关语音指令(如“打开红灯”指令标签下，可输入各种希望被机器识别理解的说法)，标签下的语音指令就是机器训练后可识别的标准答案。
- 标签添加完成后，单击“开始训练”，等待模型训练完成后，单击“下一步”，进入腾讯扣叮编程平台操作界面。

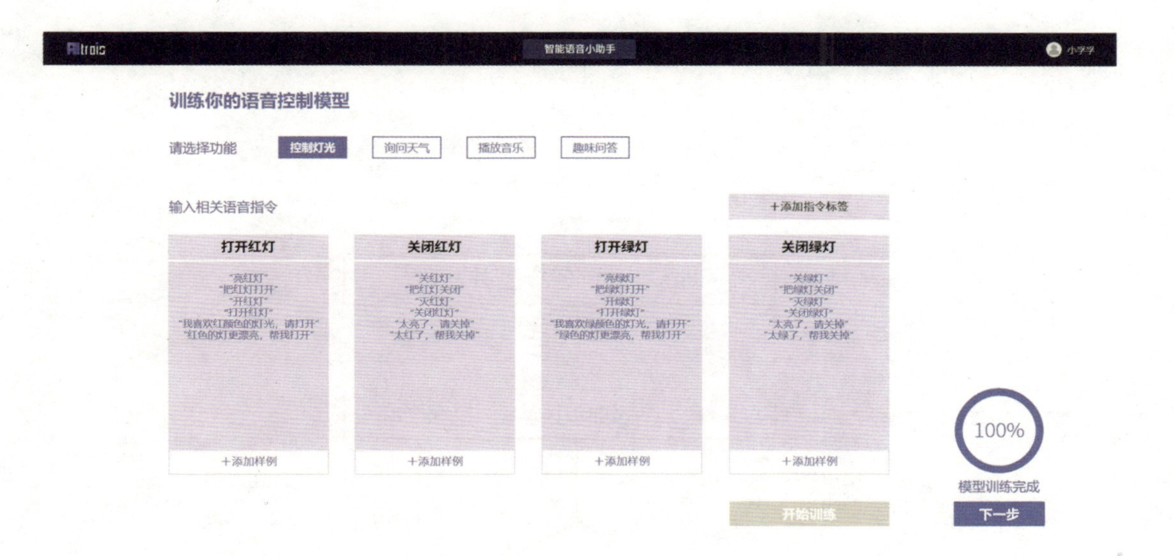

步骤 3 打开 AI 模方，并与平台完成连接（具体操作同项目 13 的步骤 3、步骤 4）。

步骤 4 确定需要使用的主要程序模块及流程图。

主要程序模块

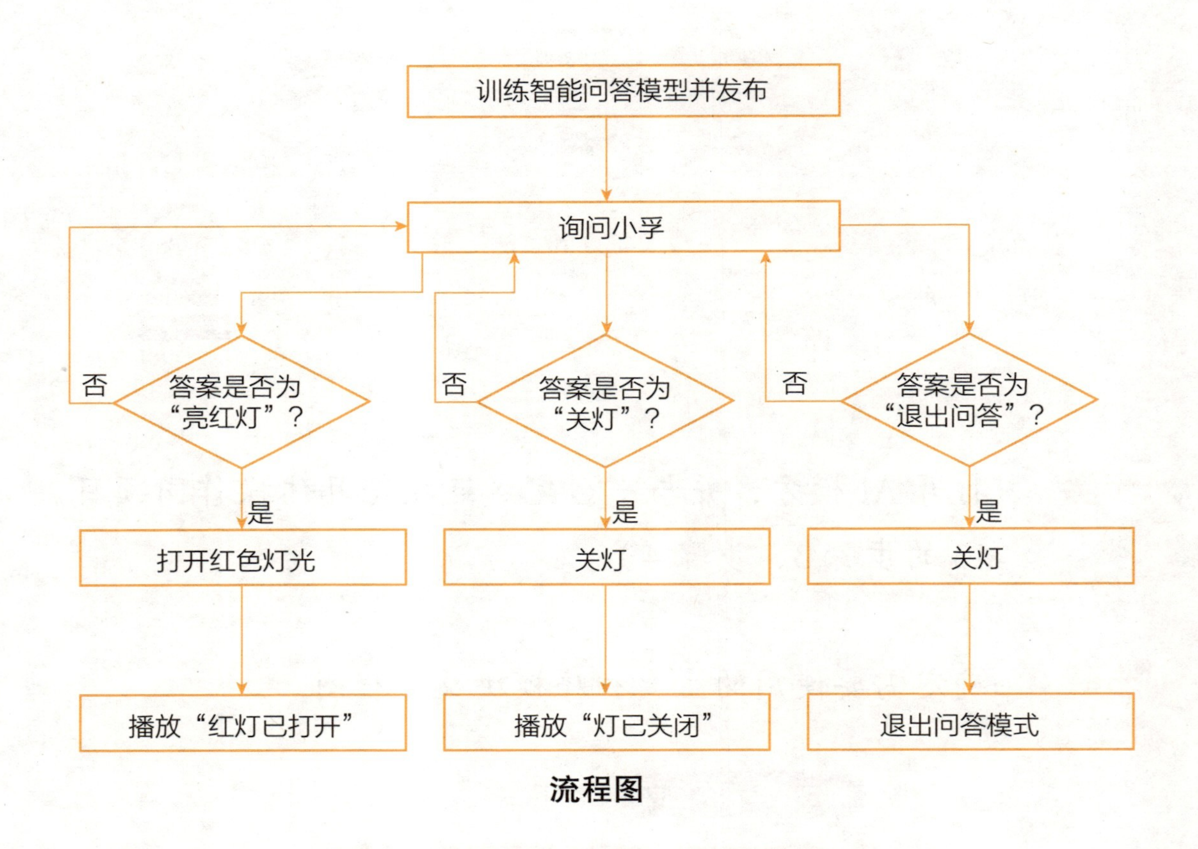
训练智能问答模型并发布
询问小孚
否
答案是否为“亮红灯”？
否
答案是否为“关灯”？
否
答案是否为“退出问答”？
是
是
是
打开红色灯光
关灯
关灯
播放“红灯已打开”
播放“灯已关闭”
退出问答模式

流程图

步骤 5 在左侧列表中单击“AI模型”，选择“询问小孚并获取答案”积木，按照程序设计流程拖拽积木。

步骤 6 单击“上传到设备”，询问小孚相关问题，看小孚是否会做出相应的响应。

通过 AI 模方进行智能语音控制

你已经通过图形化编程和 AI 模方智能硬件设备的联动，实现了模拟颜料三原色和光学三原色的色彩组合搭配。通过观察 AI 模方 LED 灯的颜色变换了解了灯光颜色控制的基本原理和实现方法。

你已经对 AI 模方的操作有了一定的了解，对平台积木拖拽也掌握得更加熟练，通过智能语音控制实验项目的操作，完成了语音控制模型的训练、发布和应用，了解了智能家居语音控制的基本原理和实现方法。

光学三原色（RGB）的知识在摄影、计算机绘图、彩色印刷方面也应用广泛，很多复杂的绘图软件（如 Photoshop）也是基于这些基本原理来实现颜色变换的。

智能语音控制集合了语音识别、自然语言处理、机器学习等 AI 技术，在智能音箱、手机语音助手、机器人电话客服、知识问答、专家系统等方面已得到广泛应用。

大胆想一想

同学们，可以大胆设想一下，一些科幻影片中的“智能管家”（比如钢铁侠的贾维斯）是否会出现在我们的生活中呢？回想一下影片中的场景，结合已经学到的知识，分析一下这是如何实现的，未来还有什么技术需要突破。

我学到了什么？

拓展篇

理解人工智能的重要概念

小孚小孚，我们对AI家族已经有了比较全面的了解，也对图像识别、语音识别等应用技术有了更真切的体会。

好啊好啊，再给大家介绍几位我们AI家族的“红人”吧，它们可是大家关注的热点呢……

小孚小孚，还有哪些AI家族的小伙伴呢，也给我们介绍介绍，好想认识更多的朋友啊！

学习目标

核心知识

1. 了解什么是人工智能的“加速器”——算力。
2. 了解什么是机器学习。
3. 了解什么是深度学习。
4. 了解人工智能的强弱。

能力要求

让同学们对人工智能的“热点词”有更深入的了解，如“中国芯”、机器学习、监督学习、无监督学习、强化学习、深度学习、神经网络、强人工智能和弱人工智能等，并结合实际进行更深刻的感悟。

内容概览

拓展篇：理解人工智能的重要概念

拓展1 人工智能的“加速器”——算力

- 什么是算力？
  - 是人工智能的基础硬件层，为算法的实现提供基础的计算能力保障，而这种计算能力的载体就是芯片
- 芯片种类
  - 包括CPU、GPU、FPGA和ASIC专用芯片
- 发展路径
  - * 加速硬件计算能力
  - * 采用类脑神经结构来提升计算能力

拓展2 机器学习

- 什么是机器学习？
  - 目标是让计算机具有像人一样的学习和思考能力，是从已知数据中获得规律，并利用规律对未知数据进行预测的技术
- 如何区分监督学习、无监督学习和强化学习？
  - * 监督学习——“跟老师学”
  - * 无监督学习——“自学标评”
  - * 强化学习——“自学自评”

拓展3 深度学习

- 什么是深度学习？
  - 深度学习不需要人为地做特征分析，而是可以通过算法直接获取特征
- 主要应用方向
  - * 图像处理领域
  - * 语音识别领域
  - * 自然语言处理领域
- 什么是神经网络？
  - 实质上是一种算法数学模型，其基本特点就是试图模仿大脑神经元之间的传递模式进行信息处理

拓展4 如何分辨人工智能的强弱？

- 人工智能有强弱之分吗？
  - 区别在于，机器是否具备思考的能力，是否能独立地去推理和解决问题
- 深蓝和阿尔法狗有什么不同？
  - 深蓝采用的是暴力穷举，其本质就是完成一个“优化搜索速度”的目标。阿尔法狗采用的是基于神经网络的机器学习

拓展 1

人工智能的“加速器”——算力

什么是算力?

在入门篇我们了解到，如果用大数据比作人工智能的燃料，算法是发动机，算力则是支撑发动机高速运转的加速器。

人工智能的发展史也见证了计算机计算能力的不断提升。当计算能力上升到一个层次，就会迎来人工智能发展的一个新台阶。

那什么是算力呢?

算力是人工智能的基础硬件层，为算法的实现提供基础的计算能力保障，而这种计算能力的载体就是芯片。

我们要有“中国芯”

“芯片”是时下备受关注的热点和焦点，自主研发芯片已成为突破人工智能发展短板的关键环节。高倍显微镜下纳米级的芯片内部构造非常复杂，几十亿个晶体管通过纵横交错的电路相连，形成一个大型的集成电路，宛若一座城市……

我国目前已具备了高性能 AI 芯片的研发设计能力，但在高端芯片制造方面还落后于世界先进水平，缺乏关键核心技术是我们最大的短板。面对国外封锁，须坚持科技自立自强，努力实现关键核心技术自主自控，拥有一颗“中国芯”尤为重要。

芯片包括 CPU、GPU（图像处理器）、FPGA 和各种各样的 ASIC 专用芯片。

传统 CPU 已难以满足 AI 的发展，GPU 应运而生，它就是专为执行复杂的数学计算而设计的数据处理芯片。它的出现让并行计算成为可能，对数据处理规模、数据运算速度带来了指数级的增长。

AI 芯片的发展大幅提升了数据处理速度，解决了制约我们机器视觉发展的主要瓶颈。目前芯片有两种发展路径：一种是加速硬件计算能力，比如 GPU、FPGA、ASIC，但 CPU 依旧发挥着不可替代的作用；另一种是采用类脑神经结构来提升计算能力，就是让芯片模仿人类的脑神经网络。

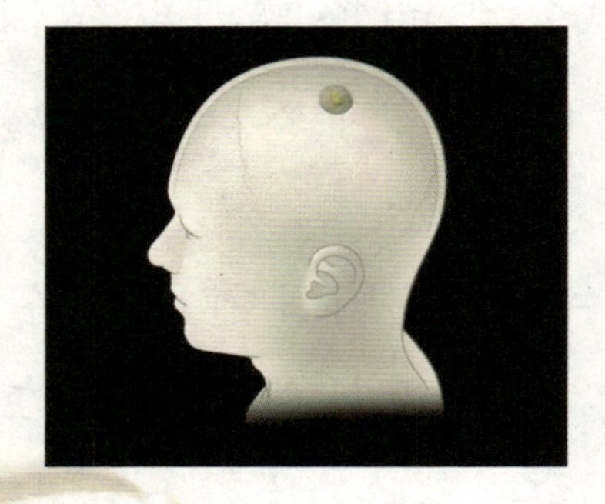

让人兴奋的是，2020 年 8 月 29 日，马斯克发布了脑机接口重大突破，人脑植入芯片将成为现实。发布会现场展示了已经植入芯片两个月活蹦乱跳的健康小猪，能直观看到猪的脑活动，演示人员抚摸它的鼻子时，猪的神经开始兴奋。其脑内的电波信号，清晰可见。通过脑电路图，可以预测小猪关节的位置，和实际位置几乎完全吻合。通过这样的方式，如果安装在人体上，也可以感知甚至改善大脑的活动，能解决包括听觉缺失、记忆力缺失、中风、大脑损伤等问题，治疗成瘾、强迫症、抑郁症、癫痫和帕金森症等疾病，让四肢瘫痪的人使用大脑来控制仿生假肢，让语言障碍人士说话等都将成为可能。

拓展 2
机器学习

什么是机器学习?

机器学习的目标是让计算机具有像人一样的学习和思考能力。具体来说，机器学习就是从已知数据中获得规律，并利用规律对未知数据进行预测的技术。机器学习的思想并不复杂，它是对人类生活中学习过程的一个模拟。而在这整个过程中，最关键的是数据。

在机器学习中，有3种学习方式：监督学习、无监督学习和强化学习。

如何区分监督学习、无监督学习和强化学习？

监督学习（Supervised Learning）：可以简单理解为“跟老师学”，即在有老师的环境下，学生从老师那里获得做对或做错的反馈。其学习结果为函数，以概率函数、代数函数或人工神经网络为函数模型。

无监督学习（Unsupervised Learning）：可以简单理解为“自学标评”，即在没有老师的环境下，学生自己学习，一般有既定标准评价，或者无评价。采用聚类方法，学习结果为类别。

强化学习（Reinforcement Learning）：可以简单理解为“自学自评”，即在没有老师的环境下，学生对问题答案自我评价，是以统计和动态规划技术为指导的一种学习方法。

监督学习是最简单、最直接的一种机器学习方式。它类似考试前做练习题，练习题是有标准答案的，在做题的过程中，我们可以通过对照答案，来分析问题找出方法。监督学习是一种非常高效的学习方式，也是现在人类训练我们AI的必经之路。但是在很多场合，要提供“标准答案”式的监督信息还是很有难度的，这需要耗费大量的人力。因此，我们常听到一句话——“有多少智能，就有多少人工”，我们AI家族成长的每一步都离不开人类对我们的训练啊。

至于无监督学习，也可以用做练习题的例子来解释，不同的是所做的练习题没有标准答案。换句话说，你也不知道自己做得是否正确，因为没有参照，想想就觉得是一件很难的事情。但是由于这种方式能够帮助我们克服很多实际应用中无法获取监督数据的困难，因此一直是我们 AI 发展的一个重要研究方向。

强化学习是一种非常强大的学习方式，就是要获得一个策略去指导行动。例如，在下围棋的过程中，可以根据盘面形势变化指导每一步应该在哪里落子。持续不断的强化学习甚至可以使机器获得比人类更聪明的决策机制。在2016年击败围棋世界冠军李世石的AlphaGo，它令世人震惊的博弈能力就是通过强化学习训练出来的。

拓展 3
深度学习

什么是深度学习?

其实，深度学习是机器学习比较热门的一个方向，就是让算法自动从数据中获取特征，而不是像从前的机器学习方法那样，人为地去提取特征。

所以，深度学习和机器学习最大的不同在于深度学习不需要人为地做特征分析，而是可以通过算法直接获取特征。这使 AI 的机器学习向“全自动数据分析”又前进了一步。

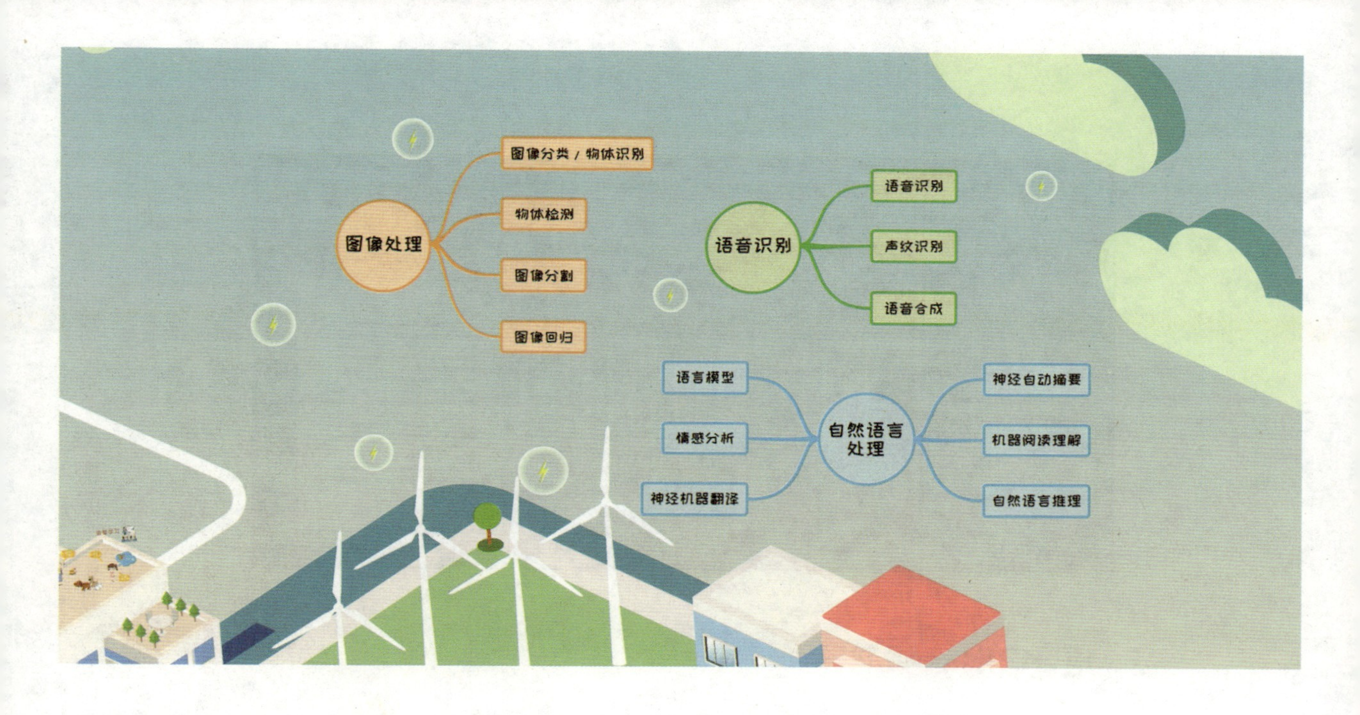

深度学习的主要应用方向

1. 图像处理领域

- 图像分类 / 物体识别：整幅图像的分类或识别。
- 物体检测：检测图像中物体的位置进而识别物体。
- 图像分割：对图像中的特定物体按边缘进行分割。

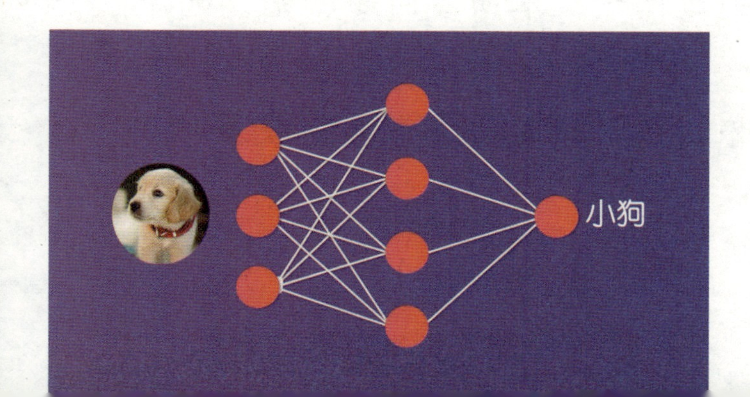

2. 语音识别领域

- 语音识别：将语音识别为文字。
- 声纹识别：识别是哪个人的声音。
- 语音合成：根据文字合成特定人的语音。

3. 自然语言处理领域

- 语言模型：根据前一个单词预测下一个单词。
- 情感分析：分析文本体现的情感。
- 机器阅读理解：通过阅读文本回答问题、完成选择题或完形填空。
- 自然语言推理：根据一句话（前提）推理出另一句话（结论）。

什么是神经网络?

我们大脑内部，很多神经细胞互相连接，这称为神经元。当外部的信号输入大脑时，神经元会快速地受到刺激并产生反应。把神经元当作数学模型处理，使之形成神经网络，并拥有学习功能，这就是一种深度学习，也称为人工神经网络，简称 ANN。它实质上是一种算法数学模型，其基本特点就是试图模仿大脑神经元之间的传递模式进行信息处理。

每个神经网络抽象出来的数学模型也叫感知器，它接收多个输入，产生一个输出，这就好比是神经末梢感受各种外部环境的变化，然后产生信号，并传导到神经细胞。

因此，神经网络由输入层、隐含层、输出层构成。搭载

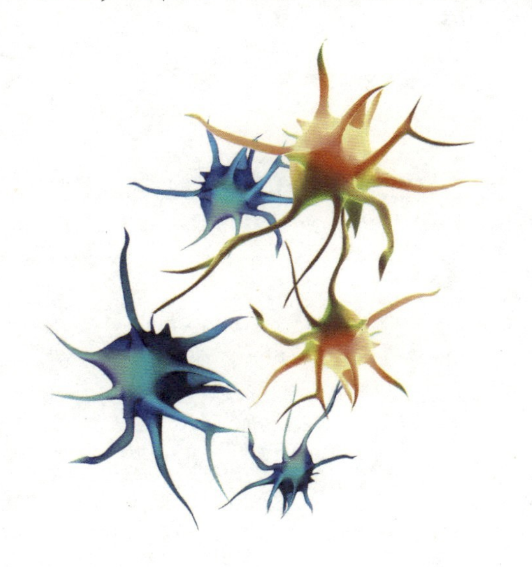

了这种神经网络的人工智能，向深度学习迈进了一大步。它的目标就是建立一个模拟人脑进行分析学习的模型，学习样本数据的内在规律和表示层次，让机器能够像人一样具有分析学习能力，来识别文字、图像和声音等数据。

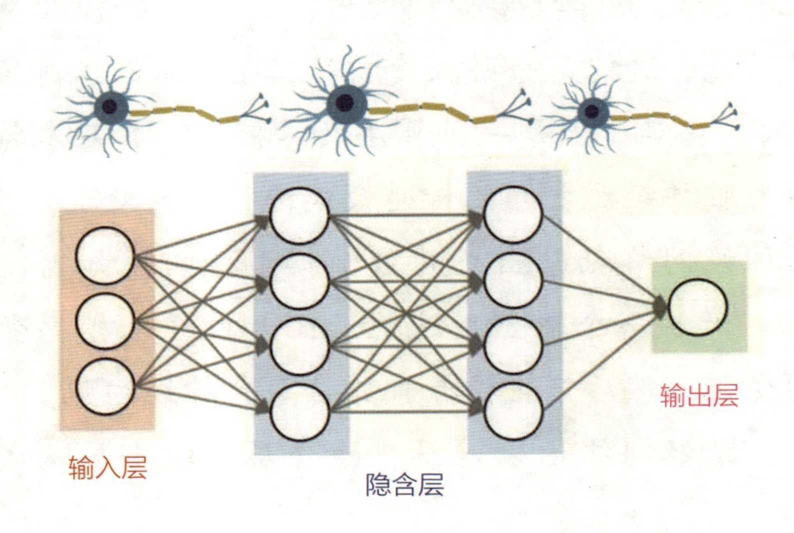

拓展 4
如何分辨人工智能的强弱？

人工智能有强弱之分吗?

提起人工智能，我们脑海中可能想到的是科幻电影《人工智能》中的形象：作为一个被输入情感程序的机器男孩，他要找寻自我，成为一个真正意义上的人。

这样的人工智能非常强大，机器男孩已经不仅仅是一个机器，他本身有思维、有意识，有真正推理和解决问题的能力，因此也称为强人工智能。

通常，强人工智能又分为两类：

一种是类人的人工智能，就是机器可以像人一样思考和推理。

另一种是非类人的人工智能，即机器产生了和人完全不一样的知觉和意识，使用和人完全不一样的推理方式。如果这样的强人工智能诞生，可能也就意味着人类成为造物主，创造出了一种全新的物种。这对人类本身来说，也提出了严峻的挑战。当然，这是一个严肃的哲学问题，需要我们去思考，至少目前我们还处于弱人工智能时代。

那什么是弱人工智能呢?

其本质就是机器并不具备思考的能力，并不能独立地去推理和解决问题。它只是模拟人的智能，例如理解语言、自主运动、聊天社交、进行各种学习等。从表面上看，机器看上去是智能的，但其实它需要人类的大量训练，才能实现推理、演绎和归纳。

在弱人工智能下，机器的能力需要人类不断去训练，教它认识不同的规则和经验，机器才能具备举一反三的能力。这就是我们经常提到的机器学习。机器学习是人工智能的一个方面，处于人工智能的算法层面。大体来讲，机器学习就是用算法真正解析数据，然后通过不断学习，对发生的事情做出判断和预测。

一个好的机器学习模型，影响它的因素非常多，既与数据样本有关系，也与算法有关系，而且环境稍微发生变化，就可能导致模型失效，或者性能大幅降低。

因此，即使是机器学习技术，在当下仍面临着很多其他问题，需要我们去研究、去探索。

深蓝和阿尔法狗有什么不同?

1997 年，深蓝战胜世界象棋冠军卡斯帕罗夫，让人工智能进入了大众视野。2016 年，阿尔法狗对世界围棋冠军李世石的压倒性胜利则再次使人工智能成为热议的焦点，也宣告着一个新的人工智能时代已经到来。

同样是机器战胜了棋类世界冠军，为什么人工智能界这么兴奋？两者有什么不同？

按规则难度来说，国际象棋的复杂度约为 10 的 46 次方，而围棋的复杂度是棋类里最高的，约为 10 的 172 次方。不言而喻，阿尔法狗在围棋上所面临的难度远远大于深蓝在国际象棋上的挑战。

从核心原理上来看，深蓝采用的是暴力穷举。

什么是暴力穷举呢？其实就是把过去国际象棋的所有规

则、经验和棋局输入到计算机里，让机器生成所有可能的走法，并不断对局面进行评估，尝试找出最佳走法。其本质就是完成一个“优化搜索速度”的目标。

而阿尔法狗采用的是基于神经网络的机器学习。起初，阿尔法狗对围棋规则一无所知，只是毫无目的地模仿专家棋手的走法，通过至少上千万盘面数据的训练，一个监督式的策略网络才得以形成。

接着，阿尔法狗开始与自己下棋，这个阶段其实就是自我强化训练。而在训练的第三阶段，阿尔法狗在自我对弈中，可以从不同棋局中采样不同位置生成新的策略。

这样，经过三个阶段的训练，阿尔法狗在比赛过程中能预测棋局未来可能的发展方向，并对各种可能的未来局面进行全面评估。

所以说，阿尔法狗推动机器学习前进了一大步。深度学习和强化学习的引入，是人工智能技术的又一次飞跃。

小孚小孚，谢谢你给我们开启了AI世界的大门，我们学到了很多人工智能的知识，认识了很多AI家族的好朋友。

小艾、小智，能够与你们成为好朋友真的好开心，我马上就要回到我的世界了，但是不要难过哦，我们可以时刻保持联络，在不久的将来，我们还会见面的……

我们还学会了图形化编程，自己动手做了很多AI应用的小项目，体会到了AI世界的奇妙。以后我想成为一名AI科学家，去创建更美好的AI世界！

探索 AI

世界的大门已打开，

AI 学习之旅

才刚刚开始……